风景造园要旨

穆斯考园实践详述

HINTS ON LANDSCAPE GARDENING

Together with a Description of their Practical Application in Muskau

by HERMANN PRINCE VON PÜCKLER-MUSKAU

with the Hand-colored Illustrations of the Atlas

———— ·✦· ————

［德］赫曼·凡·平克勒－穆斯考　　著

［美］约翰·哈格里夫斯　　译（德译英）

夏　欣　　译（英译中）

中国建筑工业出版社

著作权合同登记：图字01-2014-7430号

图书在版编目（CIP）数据

风景造园要旨　穆斯考园实践详述／（德）赫曼·凡·平克勒-穆斯考著；夏欣译.—北京：中国建筑工业出版社，2017.12
ISBN 978-7-112-21176-0

Ⅰ.①风…　Ⅱ.①赫…　②夏…　Ⅲ.①造园林—建筑史—中欧—近代　Ⅳ.①TU-098.451

中国版本图书馆CIP数据核字（2017）第220185号

HINTS ON LANDSCAPE GARDENING
Together with a Description of their Practical Application in Muskau
by HERMANN PRINCE VON PÜCKLER-MUSKAU
with the Hand-colored Illustrations of the Atlas
Translated by John Hargraves
ISBN 978-3-03821-469-4

© 2014 Birkhäuser Verlag GmbH, Basel P.O. Box 44, 4009 Basel, Switzerland, Part of De Gruyter
Chinese Translation Copyright © 2018 China Architecture & Building Press

China Architecture & Building Press is authorized to publish and distribute exclusively the Chinese edition. This edition is authorized for sale throughout the world. No part of the publication may be reproduced or distributed by any means, or stored in a database or retrieval system, without the prior written permission of the publisher.
本书中文翻译版由瑞士伯克豪斯出版社授权中国建筑工业出版社独家出版，并在全世界销售。

本版本附图基于"Fürst-Pückler-Park Bad Muskau"基金会所提供的《风景造园要旨》彩色手绘图集，以及萨克森州德雷斯顿大学图书馆（Saxon State and University Library Dresden）（SLUB）林学部所提供的附图I、附图XXII和平面图C、D。页缘所标注的页码来自于1834年的两个最早的版本。基金会的研究助理阿斯垂德·罗斯彻（Astrid Roscher）为我们提供了德文版的副本。我们对以上团体及个人的支持表示最衷心的感谢。

责任编辑：孙书妍　张鹏伟
责任校对：李欣慰　芦欣甜

风景造园要旨
穆斯考园实践详述
[德] 赫曼·凡·平克勒-穆斯考　著
[美] 约翰·哈格里夫斯　　　译（德译英）
夏　欣　　　　　　　　　　译（英译中）

*
中国建筑工业出版社出版、发行（北京海淀三里河路9号）
各地新华书店、建筑书店经销
北京锋尚制版有限公司制版
大厂回族自治县正兴印务有限公司印刷
*
开本：880×1230毫米　1/16　印张：11　字数：259千字
2018年1月第一版　2018年1月第一次印刷
定价：65.00元
ISBN 978 - 7 - 112 - 21176 -0
　　　　（26900）

版权所有　翻印必究
如有印装质量问题，可寄本社退换
（邮政编码100037）

总目录

目　录

前　言

我们有充分的理由来证明，穆斯考园与纽约的中央公园一样足以成为成熟的浪漫主义在园林设计领域的经典代表作。虽然它们之间相隔将近一代人，但两位令人尊敬的设计者，赫曼·凡·平克勒-穆斯考大公（Prince Hermann von Pückler-Muskau）和弗雷德里克·劳·奥姆斯特德（Frederick Law Olmsted），都将多愁善感的修辞放在一边，而以朴素的自然作为灵感之源。由于他们未曾将他们的园林设想成一系列的行程——那些不时被纪念碑和艺术品所打断的道路——并以此来教育游人或激发人们的情感及缅怀，这使得他们那19世纪的浪漫主义与其18世纪的前辈们迥然不同。取而代之的，是平克勒和奥姆斯特德通过设计马车道与蜿蜒的小径带领游人穿越"如画"（Picturesque）原则指导下的景观序列。他们意识到来自自然的要素——草地、树林和水体——不仅可以滋养灵魂，而且能带来审美上的愉悦。开阔的视野与畅快的呼吸启迪着他们的园林创作，使他们在作品中增添了广阔的草坪，并将远处的景色与蓝天借入园中。

虽然两者都遵循着独特的设计思路，但无论是平克勒还是奥姆斯特德都未脱离历史，创造出一个全新的园林设计风格。这两位19世纪中期的"空间设计者"都十分熟悉18世纪园林设计师们的著作和理论。对平克勒来说，这些影响包括歌德（Geothe）的著作《亲和力》（Elective Affinities），以及希尔斯菲尔德（C. C. L. Hirschfeld），这位18世纪晚期德国最著名的庭园及景观方面的理论家，他的《造园理论》（Theory of Garden Art）对其后欧洲的庭园设计以及公园设计产生了重要影响。而奥姆斯特德以英语为母语，被华兹华斯（Wordsworth）的诗意所熏陶，并受惠于两位阐述画意的英国作家——尤温德尔王子（Uvedale Price）与威廉·吉尔平（William Gilpin）。也可以说，平克勒和奥姆斯特德都从某种程度上受到哈普瑞·雷普顿（Repton）在其著作《造园指南与图集》（Sketches and Hints on Landscape Gardening）（1794年）中的设计原则的影响。

在对平克勒和奥姆斯特德的比较中，我们可以看到他们之间的重要区别：平克勒是一位拥有私人地产的贵族，而奥姆斯特德和他的合伙人卡尔·沃克斯（Calvert Vaux）则是美国第一座有明确目的（purpose-built）的公园（public park）的设计者，它是民主精神的集中体现。但我们不应该将注意力过多集中在这一点上。平克勒也充分意识到这股激发社会走向现代化的革命力量，他并没有将其园林设计成过去生活的模范，而是为他的同胞们展示了一种新的对待他们的领地与佃农的方式。在他的《风景造园要旨》（以下简称《要旨》）一书中，他阐述了如何将原有的本地村庄与田地有机地融入穆斯考园的风景之中，而不是像早先的通常做法，视它们为眼中钉，将它们赶出园林。他写道，"要实现它，只需将已有的那些特质展现出来，并合理地强调和丰富它们，而不要去扰乱或曲解地域性或其历史。许多极端自由主义者会对这一理念嗤之以鼻，但我认为所有的人类发展方式都值得被尊重，而且因为我们所讨论的这种方式或许正在走向其尽头，它开始呈现出一种普遍的诗意和浪漫情趣。而这一切在由工厂、机械甚至城市建筑所组成的世界里都是极其罕有的"（原书第177页）。

古老的贵族已经随风而去——事实上，他们从未出现在美洲的领土上——但如果奥姆斯特德读过这些文字，他也一定会完全赞同。从建园之初，中央公园就被作为工业化的纽约的一种反向的平衡器，和拥挤的大都市居民们的心灵"止痛剂"。

在过去的40年中，奥姆斯特德作为受人尊敬的美国风景园林学创始人之一，所作出的贡献被再一次从过去一个世纪的遗忘中发掘出来。但平克勒却没有这样的幸运。奥姆斯特德如果在世的话，一定会第一个对这样的忽视表示质疑。虽然他也许对《要旨》并不熟悉，该书的德文版首发于1834年，接着在1847年被译为法文，而他与沃克斯直到1858年才开始中央公园的设计，1883年他才建议他的学生查尔斯·伊利奥特（Charles Eliot）去考察欧洲的公园，尤其是德国的公园。伊利奥特曾经到过穆斯考园，并迅速抓住了其园林设计的精髓。

与奥姆斯特德一样，有关平克勒的记述迅速地消失在20世纪的现代主义思潮之中，但是他的贡献曾经在塞缪尔·帕森斯（Samuel Parsons）于1906年访问穆斯考以后有所复苏。作为奥姆斯特德与沃克斯的继任者，纽约公园管理局官员，帕森斯急于将平克勒的设计理念传达给新一代的美国风景园林师。他执笔完成了《要旨》的第一个英译本，并在1917年出版[1]。在他自己完成于两年前的著作《风景园林艺术》（The Art of Landscape Architecture）[2]中，他不仅对平克勒表达了深深的敬意，甚至认为其权威性已超过了奥姆斯特德。事实上，帕森斯的书主要是对《要旨》的摘要与引述，甚至连章节的标题都与平克勒的完全一样。此外在其48幅插图中有多达四分之一以上是来自穆斯考园的风景。如今，离帕森斯的时代已经过去将近百年。由他所翻译的《要旨》英文版也早已脱离时代并且不再再版，它的插图残缺不全且仅为黑白印刷。在此，我们要感谢翻译者约翰·哈格里夫斯先生，他让平克勒的德文文本变得比以往更加精确且更适于英文读者。并要感谢琳达·帕舍尔（Linda Parshall），她充满洞见的介绍向我们展示了许多传记般的细节。我们还要感谢Fürst-PücklerPark Bad Muskau基金会，为我们提供了高质量的彩色手绘及印刷图纸，使我们能够重现原作附图的丰富视觉效果。我们的合作出版商Birkhäuser为本书提供了数字化技术方面的支持，使得本书能以纸质版和电子版同时发行，方便了众多读者。

这样一部作品的出版，也得到了其他一些机构的支持。造园研究基金会感谢格拉海姆基金会（Graham Foundation）以及慷慨的个人捐助者对本书的出版、编辑、设计所给予的支持。我们还要向本书的出版编辑安德鲁斯·穆勒的建议与指导表示由衷的感谢，以及Birkhäuser出版社的母公司德·古鲁特出版社（De Gruyter），感谢他为保证本书的出版价值达到最高水平所做的贡献。

伊丽莎白·巴罗·罗格丝
造园研究基金会主席

【1】Hints on Landscape Gardening by Prince von Pückler-Muskau，trans. Bernhard Sickert，ed. Samuel Parsons（Boston and New York：Houghton Mifflin，The Riverside Press，1917）.

【2】The Art of Landscape Architecture（London：G. P. Putnam's Sons，1915）.

简　介

———◆◆◆———

赫曼·路德维希·赫瑞齐·凡·平克勒-穆斯考大公（Prince Hermann Ludwig Heinrich von Pückler-Muskau）于1834年出版了《风景造园要旨》[Andeutungen über Landschaftsgärtnerei（Hints on Landscape Gardening）][1]一书，该书为他在德国、英国和美国赢得了广泛的赞誉——许多的肯定，但也不乏非议。这位成功的作家、园林设计师、军人、"花花公子"成为不少绯闻和传说的主角，想来他也为这些身份而略感得意吧。少时的轻狂使他名声不佳，但出版《要旨》不久之前，他对英伦三岛之旅的详细描摹所集成的四卷本书信集，却为他赢得了声名以及国际上的关注。虽然这些出版于1830~1831年间的书信并未署名，只是统合于《一位逝者的来信》（Briefe eines Verstorbenen, Letters of a Dead Man）这一诱人标题，但很快就有人认出了平克勒就是真正的作者。从那时起他声名鹊起，并借由1832年的书信集英译本[2]而得到更为广泛的关注。不过平克勒的持久声望还是大部分建立在他作为一位园林设计师所取得的成就之上——由于他花费了多年的心血将他广阔领地的一部分打造成为一座英式的自然风致园——穆斯考园，他因此而获得了"德国的绿色王子"这一雅号。这些努力也成为《风景造园要旨》一书的讨论主题，该书从理论和实践两方面详述了这座巨大园林的设计及管护。通过平克勒丰富而生动的想象力，该书为这座园林描绘出一幅理想的蓝图，并表达出他对于该园前景的一派雄心。

穆斯考园现在已经成为一处联合国世界遗产（UNESCO World Heritage Site），它占地面积达1500公顷（2.32万英亩），位于柏林东南几百英里处，该地区被称为上卢萨蒂亚（Upper Lusatia）[3]，其地界横跨尼斯河（Neisse River）谷两侧，并包含了河谷上部的森林区域。在第二次世界大战期间，穆斯考城（现在的Bad Muskau）的绝大部分毁于一旦，包括遍布穆斯考园的桥梁、建筑及树木。而后在1945年签订的波茨坦协议中所划定的欧德-尼斯线（Oder-Neisse Line）作为一条边境线，将三分之一的园林划入到原民主德国，另外三分之二则被划入波兰境内。虽然在跨境协调行动开始时的确花费了不少时间，但它一直都进展顺利，甚至是在2004年波兰成为欧盟成员国之前。除了修复后的桥梁和开阔的视野以外，还有两个区被重新划归到园中。这样的行动延续了平克勒最初的设想，使穆斯考园这样一个理想的、精心料理下的风致式园林，重新体验到作为一处自然与艺术完美融合的杰作，那种永远处于趋向至臻境界的状态。[4]

平克勒于1811年父亲去世之后，继承了其渡让领地（Standesherrschaft, mediatized territory），那一年他才26岁。这片广阔的领土[5]，拥有悠久的历史以及巨大的独立主权，使得它无需沦为真正的公国（principality）。到17世纪，它已统辖125000英亩（193平方英里）的土地，包括了围绕穆斯考城的广阔地区，超过45个村庄，以及数家工厂、磨坊、一处渔场、一座酿酒厂等。[6]不过在年轻的赫曼接手这处产业时，它已经深陷债务危机，经济方面的问题持续困扰着平克勒的一生。

没有一对父子关系是轻松的。30岁的路德维希·卡尔·汉斯·埃德蒙·凡·平克勒伯爵（Imperial Count Ludwig Carl Hans Erdmann von Pückler）娶了年仅14岁的穆斯考领地的继承人克莱门汀·凡·卡伦博格（Clementine von Callenberg），并于次年（1785年）生下了他们五个孩子中的老大平克勒。父母之间的紧张关系，以及父亲的严厉与母亲的反复无常，都对这样一个精力旺盛的男孩产生了一定影响。他热衷于惹是生非和恶作剧，以至于一再受到他所就读的寄宿学校的指责和惩罚，而最终被驱逐出校。当他的母亲于1799年与他父亲离婚并离开穆斯考之后，他与父亲的疏离开始变本加厉。在大学以及法学院的学习（他16岁进入大学，但一年后即离开），以及1802~1804年作为撒克逊驻德累斯顿（Dresden）的军官这样的经历，都没有使这位年轻人有所收敛。相反，他持续的冒险行为，与人决斗以及欠下大笔赌债都一再加深了父亲对他的厌恶。在接下来的数年中，平克勒用自己的方式进行了一次长途旅行，不仅穿越德国，还遍历法国、瑞士，以及意大利。没有了父母的约束，以及资金的支持，他继续扮演着家庭的反叛者这一角色。

　　这次旅程，以及后来他在英国的游历，为平克勒播下了热爱风景、自然与花园的种子，以及对艺术与美食的倾心。因此，当他回到穆斯考，他的脑海中已经装满了要改造其领地的计划，但要付诸实施，还需要等到他服完另一段兵役以及完成极富启发性的对英国的二次游历之后。当他于1815年再次回到穆斯考时，立即开始了他酝酿已久的如画的"风景式园林景观"（parkscape）的建设工作——移栽树木、改造水系、修筑道路、修建新建筑并拆掉一些老的。这样巨大的工程将会花费数年时间，虽然结果也许会极为令人满意，但也会产生一系列令人生畏的问题——首当其冲的便是逐步增加的债务。虽然就像他形容的，他"在他的蓝图中看到了某种光辉"，穆斯考园的基址其实是一处贫瘠、沙化严重的土地，仅有一些不起眼的树林，而达到他的目标所需的资金看起来几乎是无法企及的。然而，这一切都无法阻止他：他购置了更多的土地，雇佣了几百名穆斯考当地人成为他的工人，推平了古老的防御土墙，并运进了成吨的泥土用于堆山和填平壕沟。他还将几千棵树木进行重新移栽，其中许多甚至是相当大的乔木。平克勒甚至用玩笑的口吻建议道，为了能够选育出更加优良的苗木，不应仅仅建立一处"树木的托儿所"（a tree nursery, Baumschule），而应该建立一座"树木的大学"（tree university）（原版第82页）。他甚至声称能够移栽一株百年老橡树（原版78页）![7] 他还开掘了一条新的尼斯河支流，并将之拓宽成围绕新宫殿的两处湖泊，以提升周围的景致。更为激进的是，他竟然买下了穆斯考城的一整条街，以便他能清除附近的人工痕迹，并创造出一条充满自然美的透景线。[8]

　　到了1817年，他继续加快他的造园工作，并于当年迎娶了刚离婚不久的露西·凡·帕博海姆（Lucie von Pappenheim），这位年长他九岁的女子是普鲁士总理卡尔·奥古斯丁·凡·帕博海姆（Karl August von Hardenberg）的女儿。而后的岁月证明，她不仅成了平克勒的灵魂伴侣，极度宽容地容忍了他持续的风流举止和长期的"缺席"[9]，而且还成为帮助他实现关于穆斯考的奢侈梦想的热情伙伴。他们的共同财产依然无法满足建园所需，当露西的父亲于1822年去世的时候，什么都没有留下，而他们的债务看起来已经无法偿还。经过长时间的讨论，他们能想到的唯一的权宜之计，就是通过离婚，让平克勒恢复自由身，从而能够去寻找一位新的妻子，用她所拥有的财富来继续完成他们的梦想。而1822年，作为因1815年维也纳会议所失去的重要合法特权的迟到补偿[10]，平克勒的头衔从公爵（court）晋升为大公（prince），这让他对未来再婚的前景充满希望。在柏林的一次重要的求爱竞争中遭遇失败以后，他于1826年出发前往英国展开了一段为期两年半的冒险。虽然他也俘获了一些芳心，但没有一位姑娘愿意真正嫁给他，最终他还是独自一人回到了穆斯考。在他为了寻找"救世主"而滞留国外的岁月中，他长期混迹于英国上流社会［或者如他所说，置身于"时尚圈"（fashionables）]，访问了许多高贵的家族宅邸，参观了他们搜集的艺术奇珍。他变得熟悉国际政治事务，并且成为英国政治制度的合格拥护者，他被英国在工业上的进步和他所接触的高度富裕深深触动。不仅仅是他到访过的威尔士和爱尔兰那些有着壮观的府邸与风致式园林的偏远乡村，几乎所有的事物都引起了他的兴趣，他将沿途的所见所闻都事无巨细地写信给露西，那位经过了如此长时间的分离，却仍旧没有放弃他们共同追求的信念，依然在穆斯考监督造园工作的女子。

当平克勒返回家乡，他毫无疑问地陷入了更深的债务危机中，因此他决定将他写给露西的信件修订并出版，他去除了那些对英国不敬的散漫赞扬，并且隐去了绝大多数人的真实姓名（包括他自己这位作者在内），以同时保护那些无辜者和有罪之人。其结果是得到了一部部分是游记、部分是私人随感，而部分则是令人不快的书信体小说的混合体。[11] 该书瞬间席卷了德国，并随后风靡英国和美国。通过这次令人惊叹、别出心裁的"出击"，他和露西至少暂时从破产的危机中缓过气来，并且让他们关于穆斯考的计划可以继续下去。虽然没有复婚，但他俩在之后的岁月里始终相伴。

这部四卷本的书信集所取得的巨大成功，不仅使他们脱离破产困境，并提供了造园工程所需资金；而且也给平克勒继续从事写作以动力，以此来维持经济上的稳定。他也因此而愉快地重拾他长久以来的目标，那就是要出版一本风景造园方面的著作[12]，而这也促成了《要旨》一书的诞生，该书的出版就在他的书信集最终卷出版之后不久。它被许多人赞誉为伟大的著作，它将一个美学的议题完美地融入准确的描述和关于地产管理与园艺的实用建议之中。所有这些都由一位无所不在的、具有高度代入感的讲述者——平克勒大公自己来呈现。该书被分为两个部分：第一部分是关于风景造园的理论与实践要点，并以摹自穆斯考园及其他地方的绘画举例说明。第二部分则是对穆斯考园本身的详细介绍，并提供了三条不同的游园线路，以使得读者能"一窥"整座园林中最重要的景点和风景画面，而且是在完全不会重复的情况下——这一点对平克勒极为重要。《要旨》一书的原始版本装帧极其奢华，并配有彩色平面图、树木及花卉种植范例，以及园内建筑与风景的图片（包括已建的和规划中的），还有展示建设前与建设后风景对比的折页插图。

平克勒承认他受益于英国18世纪自然风致园这一伟大发明，尤其是万能的布朗（Capability Brown，1716~1783年）、约翰·纳什（John Nash，1752~1835年），以及对他来说最重要的汉弗莱·雷普顿（Humphry Repton，1752~1818年）。平克勒当然清楚他书中所言的绝大部分都是以那些英国先例为基础的。布朗的激进观点对本书具有深刻影响，平克勒不仅对当时占主导地位的严格规整的几何形式法式审美表示反对，更是通过创造开阔的，甚至是留白的透景线来保护场地上原有景物的特色。通过这种途径来"唤醒"大面积的私属乡村领地的想法产生了广泛的影响，不仅因为它致力于强调风景中的自然美，还因其中所蕴含的哲学思想。强调在园林设计中表现对于未被开垦过的纯粹自然的想象，逐渐被理解成为英国所抱持的具有革命性、前瞻性思想的典型例证。而那些规则的法式花园，比如勒诺特（Le Nôtre）在凡尔赛和沃勒维贡的作品，则代表了机械主义的哲学观（autocratic rule）。

然而，一些设计师发现布朗的园林常常过于空阔、荒寂，缺乏人的气息和明显的艺术修饰。雷普顿作为对平克勒的设计与写作影响最大的人，对此批评表示部分赞同。虽然他也采用了布朗自然式设计的某些手法，但他将对风景绘画这种广受欢迎的艺术形式中的元素的模仿，融入园林设计当中，并且允许在房屋附近的区域出现一定的规则式设计。雷普顿的设计手法通过他的著作得到广泛传播，尤其是他在风景造园方面出版的那几本著作。[13]尤为著名的是他为那些主要客户所提供的"红皮书"（因它们的红色皮质封面而得名），每一本都有手写的说明以及水彩附图。这些红皮书对平克勒的影响是毋庸置疑的，特别是他以设计前后对比图来展示某处景观是如何被改造，这一手法也被借用到《要旨》中成为折页插图。

英国的风景造园艺术是在18世纪晚期经由克里斯汀·科·罗伦兹·希尔施菲尔德（Christian Cay Lorenz Hirschfeld）所著的五卷本《造园理论》引入德国的。[14]这部广为流传的作品（连歌德也不免对它的成功感到嫉妒）就像一本关于园林艺术史的百科全书，它热情洋溢地赞扬英国自然风致式园林为"新"的完美标准。希尔施菲尔德不仅详细描述了那些英国园林，还将一些最著名的英语论著中的重要段落翻译成德文引入书中。更为重要的是，他呼吁德国人放弃乏味的法国对称式园林，并创造具有自身特色的、名副其实的德国园林。

作为一位设计师，同时也是一位作家，平克勒进一步完成了这一使命。虽然他的灵感更多来自对英国园林的直接体察，但他似乎不太情愿承认这一点，他仅仅"认为"那只是一种"未被注意到的形式"（unattained paradigm，原书第2页）。虽然他否认对那些粗野的盎格鲁人（对讲英语的人的一种通称，译者注）的指责——这在他那个时代受过教育的德国人中是一种普遍的认知。平克勒坚决反对在不考虑本地地形、气候、历史的前提下，直接将一种适合另一个国家、另一片土地和气候的造园方式嫁接到德国的园林中来。

平克勒的《要旨》一书最为突出的特点，不仅在于他对自己所建园林的描绘，而且体现在他那极富个人色彩的散文式笔触与字里行间里强烈的代入感。平克勒将自己视为一位开明的贵族，他的保守主要集中在政治上，但他对现代工业社会的赞同却是具有进步性的。他的园林试图传达出这样的贵族思想和政治理念，并反映出他所根植的卢萨蒂亚地区的特色，同时展示他所理解的"这一地区所拥有的天赋"：

> "……我的造园理念植根于这样一个想法，那就是要营造一处范本，它能够展示我意味深长的家族发展史，或者说是我们本地贵族的发展史，在此我们拥有一个卓越的典范，这一理念以它应有的方式被呈现出来，对旁观者来说不言自明。要实现它，只需将已有的那些特质展现出来，并合理地强调和丰富它，而不要去扰乱或曲解地域性或其历史"（原书第177页）。

平克勒的目标是希望通过《要旨》一书，唤起读者们相似的感情，他尤其希望能启发那些富有的德国领主们改变他们的想法。平克勒在序言里对他们的品位和生活方式给予了相当尖锐的嘲讽。例如，他曾经批评那些将畜栏置于庄园视野的正中心，以至于从主屋的入口放眼望去只见猪和鹅在门前闲庭信步的庄园（原书第4页）。在英国的旅途中，平克勒从未见过如此邋遢的情形，而且他曾遇到一位积极参与到自己的园林与花园经营的领主，使他尤为感动。这种强烈的同理心也反映在书中的许多章节里，如关于种植草坪和开掘壕沟的章节。他勉励他的同乡们学习这些造园的实用方法，在深入了解本地特有的土壤、地形、气候，尤其是本土物种的基础上，实施他们自己的造园计划。而关于如何维护与提升他们的土地，不应像"请一位裁缝来做一件衣服一样"（原书第8页）假他人之手，他们应当立志成为一位最勇敢的艺术家，一位"自然的画师"[nature painter（*Naturmaler*）]，运用自然本身作为他的素材，并以"使人为的痕迹减至最低"为其最高的艺术追求（原书第159~160页）。

平克勒在国外曾目睹了通过精心干预，一处园林所能达到的和谐状态，并体验到这样的进步是如何提升那些感受过它的人们的品位与生活质量的。他认为如此影响不仅能通过大型庄园与有钱有势的贵族宅邸表现出来，那些佃户们满怀骄傲、精心照料下的小花园，以及他们端庄大方的农舍也是一样的（原书第3页）。他还写道，对于风景的合理改造，能够增强自然之美，这样做不仅能提高生活品质，而且将使生命更加完满。按照他自己的原则，他的确能分辨出自然之美对人的提升作用：

"甚至在占本地人口绝大多数、受教育程度不高的温德族农民中，某种审美意识也逐渐觉醒了，现在他们开始在自己的村庄里种植观赏树木。虽然他们仍会不时从我的庄园里盗取木材，但大多数情况下，他们仅仅拿走那些作为幼树支架的木材，而不会伤害树苗，这已经是值得我们赞许的细心了（对温德人来说）"（原书第167页）。

在18世纪的欧洲，自然的道德力量成为哲学叙述的核心命题之一，平克勒接受了这一思想，并将之具体化，以更好地呈现给读者。他从自身实践出发，以此说明：怎样才能提升你的地产价值，使其不仅美观而且划算；怎样才能在提高声誉的同时，为你的臣民创造更多的幸福与繁荣。当然，他因为建造自己的庄园而陷入越来越深的财务危机这点不在叙述范围内。他将这座伟大的风景式园林看作是贵族荣耀的多层面表达——关于这一点，越多人知晓，则意味着越多的荣耀与收益（他并未提及自己园林声名的广播将会增加他那昂贵著作的销量）。

穆斯考园被认为是开放式园林的典范，平克勒相信园林不应只为少数人服务，就像在英国一样。相反的，园林应成为一处可亲的场所，一处宜居之地，适于步行、骑马或乘马车进行游览。它们应成为可以带来强烈的愉悦感而非恐怖、忧郁、惊愕等剧烈情绪反应的风景。事实上，平克勒对过度设计总体上持批判态度，甚至对像"多样性"这样的正面特性，他依然觉得会引起"某种审美上的腻烦"（原书第51页）。园中的荒野区域必须保持一种完全未经人为雕琢的状态，体现出一种（与人工园林截然相反的）"集中的、完美的自然景象"（原书第52页）。并且，与此同时它也不能荒凉到拒人于千里之外，而是一处"适于人类使用、能带来愉悦感的场所"（原书第48页）。平克勒不仅接受人工痕迹或居民点在园林中的存在，像开垦过的田地、朴素的农舍、小径及道路、不时出现的座椅等；他甚至对可见可闻的工业活动也保持一种开放的态度，并视其为健康的、富有前途的景象，而不是风景画中需要被剔除的污点。我们再次体会到他对经营自己领地的亲力亲为，因为他不仅为教堂的钟声或者农人们的歌唱所欣喜，他也同样为铁厂工人所发出的叮当敲击而感到喜悦。他发觉自己会被"像幽灵一样突然从地里冒出来，又突然消失的满脸乌黑的矿工"所吸引（原书第258~259页）。事实上，他最喜欢的一条透景线就是站在穆斯考城上方的山岭上，俯视峡谷中的"铝厂以及陶器加工厂不舍昼夜地冒出烟雾，尤其是每天晚上太阳下山以后，它们发出的火光照亮整个山谷"（原书第173页）。一座园林应该如实反映出当地产业以及发展动力之源，它不应被营造成一处远离尘嚣之所，或是一处富人的避世天堂，而应该成为文明世界的一个缩影。

平克勒的身影在《要旨》一书的其他章节也随处可见。他开宗明义地提出在进行任何园林设计之前，都有必要形成一个"基本理念"（原书第13页）。但仅仅几行之后，他就开始打断自己，强调这一"基本理念"必须具有适应性，一位园林艺术家必须准备好根据他的想象力对此进行调整："……但是，我绝不是要求一开始就要将整个实施计划都做到最细枝末节，并且在完成过程中一成不变。在某种程度上，我更倾向于相反的观点"（原书第14页）。

这种充满人情味的口吻散布在整本书中。在其核心观点引领下，他一再强调规划的精心考量应与弹性相结合：园林应是一处永在进化中的艺术品，它是无法"完成"的——实际上，也从来不应被"完成"。所有伟大的园林莫不如此：它必须总是对一处新视线或一座新建筑所可能带来的改变保持开放性，就像它必须永远保持对变化中的景观以及植物的生命循环、不可避免的生长与消亡的响应一样。平克勒将之称为园林艺术的"黑暗面"：园林师的重要工具不是笔刷或刻刀，而是铁锹，以及斧子（原书第145~146页）。

阅读《要旨》一书，就好像是跟随在平克勒身侧，漫步于穆斯考园，看他望着自己设计的花园沉思，指出某处透景线，描述一处构筑物，或者停在路途中的某处，考虑如何移栽一株树木。当他的想象被一闪而过的思绪所打断，他会停下他的叙述，插入亲身经历的趣闻。他会跟我们说起，在交配季节，你会听到四五十只松鸡在清晨发出特殊的鸣叫。而他是如何巧妙地安排聚会，并用火把引路，以使得那些娇生惯养的来客能在恰当的时间从他的宫殿出发，到达相约的地点，并在启程狩猎那些兴奋的松鸡之前，享用一顿午夜大餐（原书第272~273页）。虽然我们无法亲身参与这样一场黎明前的冒险，但它却可以成为一种可供分享的经历，就算它也许只是平克勒想象中的美好场景。

尽管穆斯考园对所有游人开放，但平克勒深知，《要旨》一书的读者将会仅限于那些能够负担得起如此"贵重"的出版物的人们。它装帧精美，并配有比书籍本身更加昂贵的画册（单独出售），此外还有售价可观的纯手工彩绘版本。[15]平装本则有两种，其中有些以多分册形式，通过图解展示例如好的或坏的树木种植方式、小径设计、水道及岛屿设计等。但到目前为止，大多数版本的画册还是以展现穆斯考园的风景及其建筑物为主，而后者大多由画家兼建筑师卡尔·弗雷德瑞奇·斯金科（Karl Friedrich Schinkel，1781~1841年）设计。平克勒对许多附图的介绍是出于主观想象而非如实描述，他并不总能留意到在多大程度上他想象中的景象与实际存在之间的矛盾。当他讨论每幅附图时，有时相当详尽，但大多数时候则较为粗略。[16]

这种模棱两可在书中关于城堡的描述上体现得尤为明显。在他对第一条游园路线的叙述中，在离小教堂大约一刻钟路程的一处景点，平克勒曾专门指出了城堡所在，并点明了它在地图上的位置，但随后又说，它只是一处"计划中的建筑"，由他的朋友斯金科负责设计（原书第230页）。此处，平克勒又一次打断他的旅途（原书第235页），插入一段"离题"的叙述，尽管他随后也表示了歉意，但对于那些将之作为一本风景园林专著来阅读的读者来说，这仍然是显得有些奇怪的。其他许多类似的段落，也同样反映出《要旨》一书作为一部个人"游记"的特征。就此需要做些简要的说明。斯金科不仅是一位声名显赫的画家，而且在《要旨》一书的成书年代，他也是德国最杰出的建筑师，负责着普鲁士王国首都柏林的一系列重要建筑的设计工作。平克勒在书中还提到了关于斯金科为柏林阿尔特斯博物馆（Altes Museum）柱廊和上层楼梯井设计的环形壁画是否得体的重要争论。这是一处由斯金科设计的巨大的新古典主义建筑，他计划采用希腊复兴式，并且于1823~1830年间建设完成。然而他设计的壁画却未能按计划执行。[17]如果我们相信平克勒所说，其原因也许是斯金科设计中的"不雅"内容——与建筑式样高度统一，这些壁画展现出一个关于人类进步与艺术发展的精巧预言，并且包含数量众多的古典式裸体人物。平克勒推断这才是壁画被推迟实施的真实原因，因此点燃了捍卫自己好友的怒火，并发起了对他所认为的保守的，事实上是假道学的、愚昧品味的猛烈抨击（原书第234~235页）。他发泄出他的愤怒，服从于一种无从言明的，但"更为有教养的思想"，但读者却很容易发现这其实是来源于一位作家——自称是平克勒的追随者的贝提尼·凡·阿尼姆（Bettina von Arnim，1785~1859年）。随之而来的是她对斯金科壁画的充满激情，某种程度上甚至是过于浮夸的溢美之词（原书第235~250页）。[18]虽然从一方面看，这顶多只能算作书中一处出色的插叙，但它为我们提供了一个了解平克勒不时参与当时激烈的美学辩论的良好视角。

在这段冗长的插叙之后，平克勒用谦逊的口吻，重新将我们带回到园林之旅，提醒我们停下来欣赏一下城堡，然后继续上路。这里他又让读者们相信这座城堡是一处真实存在的建筑，并指出它在附图XXIX中的位置。事实上，它位于一片浓密的森林环绕之中，并且还只是一个幻影，这一点在其他两幅附图中被清晰地体现出来，其中一幅图中，它雄踞于远处的山巅（附图XXXV），而另一幅图中，它则矗立在一片相当宽阔平坦的平原之中（附图XXXVIII），虽然是同一座建筑！这座城堡其实从未被真正地建成，但平克勒将它与其他一些美丽的风景编织成一部关于理想典范的著作。他的用意显然在于拓展关于穆斯考园的叙述，以吸引游人和追随者，并为实现书中所描述的那些"已经被建成的"的风景募集资金。当他同时采用规划中与已建成两种不同状态呈现他的设计时，的确存在一种反讽，因为我们所看到的园林处于一种从未被达到过的"完成"状态。

平克勒采用多种方式来拓展他的经济来源，虽然有来自地方工业和制造业、温泉的拓展、更多的出版物等的收入，但他和露西始终被债务所困扰。他们终于别无选择，在1845年卖掉了穆斯考园，搬进他父亲的家族祖产，位于穆斯考西北约25英里的勃兰尼茨（Branitz）的一处庄园。在经历了最初的一段适应期之后，平克勒再次受到将这处地产转变为另一座英式花园杰作这一想法的激励，虽然相比穆斯考园它要小得多，但他还是实施了他的计划。平克勒大公和露西居住在勃兰尼茨园直到露西于1854年去世，平克勒则于1871年在此与世长辞；他们选择共同安葬于一座位于风景如画的湖泊中央的金字塔状的墓穴中。

平克勒从未真正实现他那雄心勃勃的穆斯考园规划，而后续的拥有者们陆续为此付出努力，至少让其中一部分变为现实。这要归功于长期在穆斯考园服务的园林总监杰克布·海瑞齐·瑞德（Jacob Heinrich Rehder），以及他同样出色的继任者爱德华·帕特佐德（Eduard Petzold）的悉心督导。在平克勒离开穆斯考之后，他们依然在此继续工作了许多年。平克勒作为一位园林艺术家所享有的声誉不断增长，部分归功于帕特佐德，他本身也成了一位重要的园林设计师，以及一位作家。他对平克勒的成就进行了广泛的研究。[19]19世纪晚期平克勒已为美国的园林设计师所广泛认知，尤其是通过波士顿的查尔斯·伊利奥特（Charles Eliot）的介绍，他用同样的理念设计了一系列重要的公园。在阅读过平克勒和帕特佐德的德文著作之后，伊利奥特于1887年亲身游历了穆斯考园，并在一封写给弗雷德里克·劳·奥姆斯特德的信中说道"这也许是19世纪欧洲建成的最美丽的大型风致式园林。"[20]平克勒大公如果能看到他的声望在美国这片他一直渴望见到，却从未真正踏足过的土地上传扬，该会有多么高兴啊！[21]

琳达·B·帕舍尔（Linda B. Parshall）

【1】 *Andeutungen über Landschaftsgärtnerei，verbunden mit der Beschreibung ihrer praktischen Anwendung in Muskau*（Stuttgart：Hallberger'sche Verlagshandlung，1834）（1834年德文版书名及出版社，译者注）。

【2】 *Briefe eines Verstorbenen. Ein fragmentarisches Tagebuch aus Deutschland，Holland und England，geschrieben in den Jahren 1826，1827 und 1828*（Munich and Stuttgart，1830 and 1831）.平克勒的四卷本英文版游记由莎拉·奥斯汀（Sarah Austin）翻译，并部分缩写，虽然她的名字未能出现在出版作品中。其中的前两卷被命名为"英格兰、爱尔兰及法国之旅，1828 & 1829……（伦敦：依弗汉姆·威尔森出版社（Effingham Wilson，1832）。第三卷和第四卷于同年由同一出版商出版，以"德国、荷兰、英格兰之旅，1826，1827 & 1828"为书名。一部新的未删减版由琳达·B·帕舍尔翻译，更名为《一位逝者的来信》，于2014年出版。

【3】 在最高峰时，穆斯考园曾达2500英亩左右（4平方英里）。上卢萨蒂亚地区曾先后被萨克森人、波兰人、德国人、波西米亚人统治。其原住民的语言索邦语与波兰语和捷克语关系密切，现作为一种少数民族语言受到德国政府的保护。

【4】 在《要旨》一书中，平克勒曾两次写道，花园应该"永远也无法被定义为完成"，这一隐喻是来自弗里德利希·施莱格尔对德国浪漫主义诗歌的最佳阐释："诗歌的浪漫形式始终处于完善之中。事实上，这正是其真意所在——始终在进步，从未被完成"（Athenäeum，Fragment 116，1798）。

【5】 穆斯考园曾一度成为神圣罗马帝国治下的德国最大的自然风致园。

【6】 穆斯考的铝厂是欧洲最重要的铝厂之一。

【7】 所有的页码标注均来自1834年《要旨》一书的德文原版（标注1），并与本版哈格里夫斯英文翻译所引用的原文页码一致。

【8】 附图XI展示了规划前与规划后的巨大差异。平克勒坦承了当他开始拆毁老街时人们的反对以及对他的质疑。

【9】 为了扩大他寻找新妻子的范围（如下所示），平克勒甚至远行至非洲及中东，并且一去经年。

【10】 穆斯考地区传统上隶属于萨克森郡，后为补偿平克勒在独立主权上的损失而被划入普鲁士的领地。

【11】 见附注2。

【12】 早在1825年，平克勒就在给露西的信中提到了希望写一本雷普顿式的书来介绍穆斯考园。引自 Ludmilla Assing-Grimelli, ed., *Briefwechsel und Tagebücher des Fürsten Hermann von Pückler-Muskau*，vol. 6（Berlin：Wedekind & Schwieger，1876），p. 277.

【13】《风景造园图解与要点》（*Sketches and Hints on Landscape Gardening*）（1795），《风景造园理论与实践析要》（*Observations on the Theory and Practice of Landscape Gardening*）（1803），以及《风景造园理论与实践管窥》（*Fragments on the Theory and Practice of Landscape Gardening*）（1816）。关于平克勒和雷普顿的比较，参见Gert Gröning，"*Hinweise auf Zusammenhänge zwischen den Überlegungen von Repton und Pückler*，" in Landschaftsgärten des 18. und 19.Jahrhunderts, ed. Franz Bosbach（Munich：De Gruyter，2008），p. 49–78.平克勒对雷普顿是如此尊敬，以至于他甚至邀请了雷普顿的儿子乔治·阿达·雷普顿来到穆斯考作为造园顾问，虽然阿达其实并未对此做出任何实质性的贡献。

【14】 *C. C. L. Hirschfeld，Theorie der Gartenkunst*，5 vols.（Leipzig：M. G. Weidmanns Erben und Reich，1779~1785）.英文版：造园艺术理论（*C. C. L. Hirschfeld，Theory of Garden Art*），由琳达·B·帕舍尔翻译并编辑出版（Philadelphia：University of Pennsylvania Press，2001）。其他英国先行者，参见英文版，

第42～45页。

【15】平版印刷的图册是以奥古斯特·卫海姆·斯科姆（August Wilhelm Schirmer）提供的水彩版本为基础的，虽然不清楚曾经发行过多少彩色版本的图册，但彩色版的售价为80雷切斯塔勒（Reichsthalers，神圣罗马帝国的货币单位），黑白版本的也要50雷切斯塔勒（这已经是相当高昂的售价了）。详情可参见：Anne Schäfer and Peter Höle, "*Andeutungen über Landschaftsgärtnerei: Zur Entstehungs- und Werkgeschichte*," in Parktraum-Traumpark: A. W. Schirmer, Aquarelle und Zeichnungen zu Pücklers "*Andeutungen über Landschaftsgärtnerei*"（Cottbus: Fürst-Pückler-Museum, Schloß Branitz, 1993）, p. 32 - 35.

【16】虽然穆斯考园的大部分规划都变为了现实，但仍有一部分建筑还停留在纸面上，或者是仿自其他建筑的模型，以及借鉴自别的出版物中的画面。详见Schäfer and Höle, "Andeutungen…," p. 30 - 33.园中的温泉区，则是露西的杰作，并于1823年建成开放，但它却未能营利，因此附图36中第二部分所示的扩建区域从未变成现实。有些已经完工的建筑，如英国屋和它附近的田园牧歌般的园林——作为平克勒最喜爱的一处景点——却未能经受住时间的洗礼。他的其他一些规划，如一组改建而成的宫殿建筑群和一座连接城堡的石桥（现在是一处拱桥），则由穆斯考园的继承者——荷兰王子弗雷德里克实现。

【17】整个项目最终于1841年由弗雷德里克·卫海姆六世接手，他也主持了后续多年，由画家彼得·科雷纽斯等完成了壁画工程（前文提到的斯金科设计的壁画，译者注）。斯金科在同年得知这一计划的改变，就在他临终前不久。这幅环形壁画毁于第二次世界大战。详情参见：Jörg Trempler, *Das Wandbildprogramm von Karl Friedrich Schinkel: Altes Museum Berlin*（Berlin: Gebr. Mann, 2001）.

【18】凡·阿尼姆（Von Arnim）是一位与德国浪漫主义运动联系紧密的女性，她曾创作过一些书籍，其中最早的一本就是献给平克勒的，该书的开篇就写道"你曾经写信给我说，"谁见过我的园林，就见过了我的心灵。"（《与一位儿童的通信》）（Goethes Briefwechsel mit einem Kinde, Goethe's Correspondence with a Child）（Berlin: Ferdinand Dümmler, 1835, 1: n.p.）《要旨》一书中对斯金科的致敬，是她最早的、尽管是匿名的出版作品，并对斯金科伟大的环形壁画最终实现产生了重要影响。

【19】*Fürst Hermann von Pückler-Muskau in seinem Wirken in Muskau und Branitz sowie in seiner Bedeutung für die bildende Gartenkunst Deutschlands*（Leipzig: J. J. Weber, 1874）。雷德（Rehder）曾于1826年陪同平克勒前往英国进行园林考察，并监督穆斯考园的建设长达30年之久。帕特佐德（Petzold）曾于1831至1835年在穆斯考园服务，并在1852年雷德去世后被召回穆斯考园。

【20】引自《风景园林师查尔斯·伊利奥特：生平及作品》第9页（Keith N. Morgan, "*Charles Eliot, Landscape Architect: An Introduction to His Life and Work*," Arnoldia, Summer 1999, p. 9）。伊利奥特及其他美国风景园林师对平克勒的评价可参见《平克勒与美洲》（"Pückler and America," ed. Sonja Duempelmann, Bulletin of the German Historical Institute, Supplement 4, 2007）一书。由于平克勒对美国公园设计的影响，促成了《要旨》一书最早的英文版翻译。（*Hints on Landscape Gardening by Prince von Pückler-Muskau*, trans. Bernhard Sickert, ed. Samuel Parsons, Boston and New York: Houghton Mifflin, The Riverside Press, 1917）。由帕森斯（Parson）所写的序言充满了溢美之词，但也充满了大量的未经考证的信息。

【21】平克勒的园林持续吸引着游人，他本人的事迹也一直是出版物与研讨会的主题，他的作品被一再再版，以《要旨》一书为例，在首次出版之后至少重印了六次。该书还有两个法语译本：*Aperçu sur la plantation des parcs en général: joint à une description détaillée du parc de Muskau*（Stuttgart: Hallberger, 1847）和 *Aperçus sur l'art du jardin paysager*, trans. and ed. Eryck de Rubercy（Paris: Klincksieck, 1998）.

风景造园要旨

及穆斯考园实践详述

赫曼·凡·平克勒 - 穆斯考大公　著

附效果图 44 幅，平面图 4 幅

STUTTGART，1834 年出版

Hallberger'sche Verlagshandlung

献给尊敬的
普鲁士王子卡尔殿下

尊贵的王子，我最仁慈的殿下！

一直以来，您都是我最尊敬的楷模，尤其是您那充满威仪的仁慈与慷慨的热诚，为德国之魂带来最为迷人的魅力。

殿下您同时也是一位美的赞助人与鉴赏家——在每一个存在美的地方。而且近来您那敏锐的目光也开始留意到本书所涉及的领域，那就是风景造园。

这也是您已经通过您的行动所证明的，如《熙德》（El Cid）中所言：

> 无需再次验证，像我一样的人们，
>
> 我们的道路是如此优越，如你所见。[1]

最仁慈的殿下，请允许我，以您的圣名为这本风景造园书籍增添光彩，将它献给您作为我对您最高敬意的小小证明。

致尊贵的殿下

您衷心的臣民

赫曼·凡·平克勒-穆斯考大公

斯科罗斯，穆斯考，1833年6月29日

风景造园要旨

当艺术被转化为自然，
自然就会以艺术的方式来运作。[2]

莱辛（Lessing）

本书页缘所著页码来自于 1834 年所发行的两个最早版本。

简　介

那么，请允许我们在设计中也考虑美。我不明白为何我们要将"有用"与"美"截然分开。而到底什么才是"有用"呢？难道仅指那些能喂饱我们，温暖我们，保护我们远离危险的东西吗？我们为何称其为"有用"之物？难道只是因为它们从某种程度上促进了人类的幸福安康？美也能做到，并且从一个更宏大更高尚的层面。因此，确切说来，"美"才是一切"有用之物"中最"有用"的。

——卡尔·弗雷德里齐·凡·如莫³《德国回忆录：治理篇》

我们必须承认，在德国的大部分地区，我们还没有开始追求真正的"有用"，或是为了非个人利益的美付出哪怕一丁点努力，而将这两个目标联系在一起的明智尝试则更属罕有了。

这种状况对于那些大面积的地产尤其如此，而英国显然在这方面超越我们的文明不止一个世纪。在彼国已是简单之事，在我国却几乎还是不可能的。然而，现在是那些富有的大户们至少开始尝试更多地效仿这些努力的时候了，同时也要避免生搬硬套，多吸收精神内涵而少抄袭形式，并且永远根据场地具体情况进行调整。我选择英国来加以褒扬，并非出于追赶时髦或者亲英情结。它其实出自我确信在追求生活的乐趣这样一种高贵的，如果可以换种说法——绅士的艺术活动方面，英国将在很长一段时间内是我们无法企及的楷模。我要说的不仅指乡村生活，而是包含了那些广义上使人舒适的，并给人以更高层次审美愉悦的事物。同时，我们也必须避免纯装饰目的的炫耀和欧洲大陆所见之褴褛寒酸。后一种错误并非出于贫穷，而是出于一种坏习惯和对良好的家产管理实践的疏忽。

植根于享受生活这种更加完善的天性，风景造园在英国兴盛到了一种空前且别处未见的程度，并且让英国这样一个气候潮湿且缺乏阳光的国度，对于那些自然的仰慕者来说，成了最多样且最令人陶醉的处所。自然与富有创造力的人类双手相结合时尤显可爱，就像原始粗犷的宝石通过雕琢与抛光而获得其最高形式的美一样。但这么说并非是要否认大自然在其最荒野的，更不用提它的单纯的，常常是崇高的，偶或令人敬畏的庄严状态，也能引发人们心灵最深处那些最美好的感受。然而，一种持续的舒适感需要人类存在的痕迹及其富有智慧的影响。即使是在一幅风景画中，我们仍希望通过一些人类活动使之更有生气。但真实的风景所需远比画作要丰富得多。因此，对我们来说，当人们能尊重被无处不在的艺术理想化加工过的自然，如同在英国一样，不仅仅是那些流光溢彩的宫殿与花园，还有那些与周边环境完美融合的小佃农们的朴素农宅（以它们自己的方式显出迷人），这种尊重将加倍迷人且有益于人们的善感之心。同样的，那些傲然耸立于古树之下或被缀有花灌木的葱茏草坪所环绕的城堡，也通过其赏心悦目的形式和自然的雅致，见证着主人们细致的感受力。最贫穷的人也会用鲜花来装点他的陋室，并非出于经济上的需要，而是精心照料一处整洁的小花园，甚至是小到只有一片绿毯似的草坪，玫瑰与茉莉使小园飘散幽香。

当我们将德国的情况与之试做比较时，是否该感到一丝发自内心的羞愧，直到今天，占主导地位的认知仍导致绝大多数的贵族庄园依旧是臭气逼人的小院，猪和鹅整天在门前悠闲踱步，室内时断时续的清理，只留下大厅木地板上反着光亮的砂砾。

在我的家乡，德国的北部，我经常看到身家百万的富豪们居住在这样一些"伪"城堡里，就像他们自己说的，哪怕一个英国佃农也会毫不犹豫地称其为"马厩"。

[5] 就算是在这样一处"骑士的住所"增添上一处菜园，它大部分是紧贴着房屋的，顶多是种植着几株康乃馨或者被洋葱和白菜围绕着的孤独的薰衣草，羽衣甘蓝和萝卜黯然环绕着成行歪七扭八的果树。如果有幸从其祖父辈遗留下一些经受住时间洗礼的老橡树或椴树，这些"好主人"会每年为其修枝来喂羊，使得他们如赤裸站立的幸存者，将他们光秃秃的枝条伸向天堂祈求救赎。*

更令人遗憾的是，当主人受到"时尚"的影响，萌发出建立一个所谓"英式花园"（"englische Anlagen"）的想法，他会将笔直的道路变成等距的螺旋形，以最令人生厌的方式蜿蜒穿过幼小的桦树、杨树与落叶松。这些小径在雨后会由于泥泞而根本无法通行，[6] 而天晴的时候却会使人汗流浃背地蹚过一个个沙堆。与云杉树苗一起种植在小径边缘的稀疏的外来灌木，由于长势不良，无法与本土植物相比，几年以后它们就会覆盖小径，以至于需要被修剪掉低处的枝条，露出光秃秃的树干和周围的黄土。而在其他的开敞区域，养护不良的草坪和杂草一般的外来植物既不能给人以自然的愉悦，也无法体现出园林风景之美。

假使园主人对此更加重视，并从一个更大的尺度上进行思考，他将会开辟宽阔的但看不见的排水系统联接到臆想中的溪流，并用粗粝的桦木为这谦逊的水渠架起一道令人生畏的拱桥；然后，他将会在繁密的树林里开辟两三条纷乱的透景线以此遥望远方之景，随意的布置上一些流行的神庙和废墟，而后者往往是对前者的一种象征。

作为一种陈规，追求一些有细微差别的主题，体现出此类项目最大的野心，也给予了我们为大好土地从此无法建设景致优美的场所和葱郁的花园，并且并不出于任何"好"的[7] 目的以惋惜的理由。

这些努力时常会受到带着些许慧黠的嘲笑，说"它本来可以做得更好，但在今天已经是不可能的了"。我只能重复这样的评论，因为即使是许多巨大豪奢的地产，在最好的意图指引下，花费大量的金钱，也只能更加清晰地反映出风景造园在我们的祖国还处于低水平这一事实。当然，也有一些例外，但是它们太少了，而且与那些最好的英国园林之间还存在巨大差距。但我们依然希望由倍受尊敬的林奈（Peter Joseph Lenné）[4]先生设计的皇家

---

* 在更多的文明国度，事情正好相反，他们的农地和菜地会隐藏在主要建筑的后面，而屋前则是穿越过草坪、鲜花和树木直到周边乡村景色的开阔视线。

花园——那个环绕整个波茨坦的巨大园林，在未来某天会呈现给我们这样卓越的设计。

　　虽然对于这门艺术无法给予详尽的介绍，但由于长期的实践经验积累，细致的优秀作品体察，对专业的热爱以及对造园艺术方面最好的那些专著的广泛而深入的学习，使我相信，我能够提出一些实践指导，甚至对"以自然作画"（nature painting），提出一些有用的原则。如果可以扩大这一艺术领域的专业词汇，"以自然作画"是借用了绘画中的术语，但并不是用画笔和颜料，而是用真实的树木、山体、草地和溪流。这些原则将不仅对专业人士来说不无裨益，而且将会是那些业余爱好者所孜孜以求的。因为，如果这些原则能够被深刻领会并正确执行，那么用不着缓慢而费时的经验积累过程，它们将会给花园营造提供"设计师"、"工程师"、"监理者"或任何可以被称为"技术"的支持，来帮助实现造园者的愿景，去创造一处完全来自于他自己灵感的花园，而不是像在裁缝店买件衣服一样去得到一处花园，甚至是一处广阔的地产。 [8]

　　本书中所述的，也许并不为人熟识，但也不都是全新的知识，甚至有些观点也许在英文著作中得到过更好的阐释。然而从另一个方面来看，那些英文著作可能存在过于冗长而令人厌烦的问题，就像是顺势疗法的医生试图在金属罐中溶解百万分之一体积的盐一样。* [9]

　　读者也许会感谢我对已有知识的编撰，但以我谦逊的信誉担保，我所作出的贡献没有抄袭过任何其他书籍，我所写的要么来源于我对自己亲身经历的总结，要么至少是使我相当满意的一些经验。

　　我只需对我如何组织本书内容做简要概述就能阐明接下来的内容。

　　每一章节的标题都表达出某一独立的内容，我将采用我亲自设计的园林所使用的导则，因为诚如我所言，这些原则已被变成了现实中的园林。在那些需要更加清晰的说明之处，我也使用了附图来解释文字内容。 [10]

　　在概述过原理之后，我将介绍在这些原则指导下，我所设计的园林，并简述其历史。我将不会深入到过多的细节，仅展示运用这些原则所取得的成果，而不是详尽地阐释我的探索过程。如本书标题"要旨"所示，我不会给出一本详尽而又完全的说明书，而是将我的叙述限制在我认为我们所最缺乏的知识，其余的则留待本专业其他领域的专家和学者来探索完善。 [11]

---

　　*　当我即将完成手稿时，看到了一本讨论同一主题的书，[弗雷德里克·胡思（Friedrich Huth）的《园林设计原则》（*Grundsätze der Gartenkunst*），莱比锡，莱茵霍尔德，1829]，近期于莱比锡出版。我本想停止我的写作，但当我阅读此书之后却发现，它不过是对英国园林著作的一些乏味的编撰和缺乏深度的整理。就像布鲁门巴哈（Blumenbach，德国著名人类学家，1752~1840年，译者注）对颅相学（phrenology）做出的评价一样，此处的真理都非新创，此处的新创都非真理。该书所示的有效信息大量来源于雷普顿（汉弗·雷普顿，风景造园之简述与要点，1794），但在解释上却错得离谱。

第一部分

风景造园要旨概述

第 1 章

· ◆ ·

基本理念与园林规划

依我之见，一座大尺度的风景式园林（Garten-Anlage）必须建立在一个基本的理念之上。*就如一件艺术杰作的产生，也需要内在的一致性，如果可能的话，最好由一位匠师从头至尾来实施完成。此人应博采众长，但将各家所长熔于一炉，形成一个完整的理念，以不失鲜明的个人风格与独特性。说得更清楚点，一个基本理念应该能够统领全局，不能随意去设计，而是应该在每处细节都体现出这一清晰的理念。该理念或许来源于艺术家所处的特定环境，来源于他的生活细节、他早年的家庭经历，或者他任务书上所显示的地点。但是，我绝不是要求一开始就将整个实施计划都做到最细枝末节，并且在完成过程中一成不变。相反，我更倾向的是，虽然整个设计的基本理念和主要特色在一开始就已经确定，但随着设计的深入，艺术家应持续受到自己想象力的启发；对新想法保持敏感；反复检验他所选用的材料；持续观察他所设计的建构筑物内外，以及那些由于不同光线影响而不断变化的、未经修饰的自然环境（光线显然是他的主要创作素材之一），探索它们之间的关系及影响；然后根据他之前的想法，对细部进行设计；或者因为一个更好的想法部分改变之前的设计。画家也会一次又一次地修改他的画作，相较而言可能会更加频繁，但也更容易些。把这里或那里改得更漂亮更自然，在这儿增加点阴影，强调和突出一下那块地方。而作为一个造园者（landscape gardener），要处理各种棘手的、常常是不可预知的材料，并且将大量不同的画面组织成为一个整体，谁能保证第一次尝试就会成功呢？

没有人比我更了解那些本来可以被改造得更好，但仅仅是因为已经花了很多钱，如果要改造就需要更多钱，所以只能被保留在建成作品中的那些像眼中钉一样的失败细节给人带来的痛苦了。耐心是一切艺术所需要的品德，如果经济方面不是问题，那么应该投入更多钱来改建提升已有的，而不是着急去继续建新的。一旦发现可改之处，就不应坐视不理，因为那些现存的错误，会再次出现在新的项目实践中。

"艺术品是出于荣誉与美德之物"是一句箴言。所以，任何一个有真正的艺术敏感度的设计者都不会容忍那些不准确的或者是明显的错误存在。那些真正的艺术家会宁愿牺牲一切也不会容忍一个"眼中钉"的存在，哪怕只是一个小问题也不行。大自然也是一样，会尽一切努力去完善它那些令人敬畏的作品中最微不足道的细节，付出与那些最伟大最具

---

* 理念（idea）一词在此处取其通常含义，并非最近人们常提到的理想主义哲学（Idealist philosophy）。一个理念是隐含在造园艺术之下的更高一层的意涵，换句话说，就是从自然风景的整体中撷取某个浓缩的意象，一副微缩的自然画面作为诗意的原型，如同赋予所有真正的艺术作品（包括其他领域）以精髓的那些理念一样。

有里程碑意义的造物同样的爱与周到的关怀。

　　虽然我从未偏离过对穆斯考庄园的基本设计理念（尽管我希望能在一个更合适的时机来实施它），我也不会否认其中许多部分都不只是被"轻微调整"过，而是整个的被替换过不止一次，甚至是三到四次。认为这些改动会造成混乱的想法是不对的，只要它们是公正的，并且是在经过思考的基础上，而不是只因一时冲动所为。对后一种情况应该警惕，不是只要改了就是进步。就像诗人何瑞思（Horace）的忠告，"把你的文章至少存9年再出版（*nonum prematur in annum*）"[5]，设计者应该不断地改正和提升自己的方案，直到找到最佳的设计可能和最好的实施办法，这些往往要经过时间的检验才能得出。而由时间所检验出的成功与失败可能对我们来说都太过漫长，无法迅速作出判断；我们需要有超越时间的洞察。有的艺术家以为可以完全并且快速地掌握他们的材料，便愉快地忽略了这些限制。

　　多年前，我曾经带领一位智慧的女士参观我的庄园，她曾很不确定地对我说，虽然她对此所知不多，但她能回忆起比我的庄园景致更美，更加宏伟的园林。只有一点引起了她的兴趣，那就是整座园林所体现出的那种一以贯之的平和与安静。没有什么能比这一评价更能让我满意的了，并且如果这评价是我应得的话，我将认为我的作品是成功的。我总结出以下两条原则：首先，永远追随一个主要的理念；其次，永远不要让那些被证明是错误的设计存在于任何细节之中。

　　从以上不难看出，邀请一位外来艺术家在场地住上几天，几周甚至几个月，或者再给这样的"行家"发去一张平面图，然后就让他在现有的、已经成形的道路和植物基础上直接画出设计图纸，这样的做法是多么不明智。因为他也许会直接就开始画图，而缺乏与场地的情感联系，以及关于那里的山川与峡谷、高高低低的树木对现场各种不同视角感受影响的理解，不论是从邻近的周边范围还是更远些的区域。他会将线条画在"毫无抱怨"的图纸之上，看起来干净漂亮，但如果照图实施，那么作品一定是乏味、平淡和不准确、不自然的，而那将是失败的。想要创造一处园林，设计者不仅需要熟悉已知的那些材料，还需要了解设计相关的许多方面，并且以完全不同于"时尚的"画家或雕刻家的方式来实施。一处真实园林的美，就算是最有信心的画家也只能表达出一部分，要想在园林平面图中表达更是完全不可能的。恕我直言，情况或许正相反，一幅有着工致线条，看起来很漂亮的平面图（除了那些完全平坦，没有任何景致可言，几乎令人无能为力的场地以外），是无法公正地反映出一处美丽的园林的，因为要创造一处自然风格的美景，设计者通常需要将事物联系起来，将其呈现在图纸上则往往是杂乱而僵硬的。

第 2 章

大小与范围

　　不是只有占地广大的园林才能给人以强烈印象。繁冗的园林能使一块巨大的场地显得局促，没有视觉吸引力，反而给景致减色。另外，反过来也是一样的，在我看来为了给人留下深刻印象，米开朗基罗对万神庙（Pantheon）的说法："你们可以在人间仰慕它，而我会将它送入天堂"⁶是多么错误啊。他按照万神庙的体量设计的圣彼得大教堂巴西利卡式正殿是多么糟糕啊。高耸的主塔楼在一片繁琐的巨大建筑群对比衬托下显得那么渺小而微不足道。与之相对，万神庙却因为选择了合适的背景，在多少个世纪后，依然作为天堂之门的象征岿然耸立。如果把金字塔放到伯南克（Blanc）山的山顶上，那么看上去它也不过是像门卫室一样的小盒子，而伯南克山从大平原上远远望去也不过是一个小雪堆，所以大和小都只是相对意义上的。我们评价任何事物都不能仅仅依凭其本身，而是它对我们而言看起来是怎样的，也正是这一点为造园师们提供了绝佳的机会。例如，一棵百尺巨树如果放在中距离尺度的园林中是不会模糊掉地平线的，但如果它离观赏者近一些，那么哪怕这棵树只有10英尺高也会起到障景效果。所以，合理选择前景无疑是在园林中创造强烈印象和鲜明特色的最快捷、最简单的方法。 [20]

　　我还是忍不住要说，虽然我认为总体而言，英国的乡村风景和广泛的、富有品味的环境美化与整治堪称典范，但却仍有一些实施方面有待改进。在我看来，大部分的英国自然风致园虽然美丽，却有一个明显的缺点，那就是人工的设计改造让它们看起来比实际要小，这使得它们对于长时间的欣赏来说会显得有些单调乏味。*这些错误使得园子看起来远逊于周边壮观的自然田园风景。在多样性方面，田园风光也许更接近于我对于通过艺术改造提升过的园林的标准。许多英国的自然风致园不过是望不到边的草地，加上绘画构图般成组种植的古老高大的树木，这些树木一方面增加园林的生气，另一方面也为成群的鹿、绵羊、牛和马等动物提供食物。 [21]

　　第一眼看到这样的景象总会让人印象深刻，并且通常呈现出的，的确是一幅震撼人心的画面，但仅此而已，这样的印象将保持不变。仔细观察后会发现另外一些问题。因为所有的树木都被牲畜啃食到一定的高度（通常看起来像用剪刀修剪过一样），它们看起来太过整齐划一。如果不加围栏，没有灌木可以逃过此劫。实际上所有新种的树苗都需要防护措施，这会给人一种人工的、不自然的感觉。总之，这些园林里无法种植足量的灌木或树丛来作为视觉焦点，从这儿或那儿打破一下视野，从而在一片大场景中创造出一些小一点的景致。通常只会有一条路从房屋通向单调的，直铺到视线尽头的草坪，并且毫无人迹可 [22]

---

* 此处不包括那些令人愉快的场地或小花园，它们充满了多样性，这里仅讨论那些大型的风致园。

寻。主体建筑孤零零地耸立于草坪正中央，冷漠而凄凉地守护着它孤独的主权，只有牛羊抬头看看建筑前庭空旷的大理石台阶。人们无法与这样孤独单调的巨大风景相容，或者会无意识地觉得自己被传送到一个空无一人的魔法王国，只有英国佬们（John Bull）变回他们的动物原形，这样的感觉并不让人惊讶。这些错误印象可以通过专门辟出一些空间给饲养动物和游戏活动得到改善，而不是将整个园林都留给它们。但是对英国人来说，尽管没有动物的园林是无法让人满意的，让园林充满人类的生气则更加让人无法忍受。总之，没有什么比英国绅士们的庄园和府邸更加拒人于千里之外的了。人类的伟大本性对于英国人来说仿佛是异世界的东西，不过如果考虑到英国地痞流氓们的极度缺乏教养的话，还是可以理解的。

[23]

虽然我早前的确持有这样的观点，那就是大片的土地不管从任何角度考虑都应该被规划成为园林，但是我也承认，享有它不应以巨大的牺牲为代价。因此，除了宏阔的尺度以外，园林还应具有更大的丰富性，以使得它拥有超越实际尺度的新奇优势。所以，相比于小尺度的设计，我更钟情于大尺度的造园计划，哪怕小园林也许更富自然之美。

[24]

在我们的家乡（指德国Silesia地区，译者注），土地要比其他地方便宜得多，集中如此大量的土地也要容易得多，所以我主张每一位土地拥有者都要尽可能以此为目标。如果土地面积不大，我建议将整块地都做风景化改造，去除所有围栏，尽可能地提升风景质量，使之成为一处美丽的园林。这样做将会比通常的其他形式的投资更简单且节省开支。但是对于一处园林来说，如果不能通过便捷的骑马或驾车，在不走回头路的情况下游览至少一小时以上，并且缺乏更多样化的步行道路，那么在其中独自游览将会是极其乏味的。但是，想要把那些已经拥有丰富的自然资源，被如画的乡村景致所围绕的地区，比如瑞士、意大利、德国南部的一些地方变成仅仅以地平线作为其边界的巨大艺术杰作，我相信不论我讨论的是哪种形式的园林，都是小菜一碟（hors-d'œuvre）。对我来说，这就好像是有人想要在克洛德·洛兰（Claude Lorrain，1604~1682年，法国风景画家，译者注）的巨型画作的角落里画上一处特别的小景。在这种情况下，我们应当规划出能使人更加舒适地享受此地美景的道路与小径，移开一些树木，开辟出透景线，以展现出隐藏于浓荫覆盖背后的自然美景。在房屋的周围，我们需要为自己划定出一处尺度合宜的美丽花园，大小要能与周围广阔空间形成对比，这处有限的场地无需追求复杂的园林环境，而是简单地展示轻松、优雅、安全、美观。我们需要关注一种花园设计风格（"Gartenkunst"），它起源于古代，被15世纪的意大利重新发掘，通过对经典设计师作品的研究，尤其是对普林尼所留下的别墅的描述，而重新成为流行时尚，并且随后将其影响扩展至法国园林（"französische Gartenkunst"），它略显冷酷，缺乏亲切感。这种豪华奢侈的艺术，可被视作将建筑从室内延伸至花园，就像是英国园林将自然景色延伸到屋前一样，能够最好地达成其设计目标。试想一下，在瑞士的群山和峡谷中，在雪峰与飞瀑之间，在幽暗的云杉树林和蓝色的冰川旁，一栋安静的古典主义建筑或是一座出自巴尔比街（Via Balbi，位于意大利的热那亚，译者注），有着豪华装饰的热那亚王宫，被高台环绕，四周是种植着茂盛鲜花的花园，有着大朵的玫瑰和葡萄藤蔓，迷人的大理石艺术雕塑点缀其中，喷泉溅起的点点水花为其增添生趣；拥有这一切的花园，被远处壮观的自然山峰所环绕。向森林深处

[25]

[26]

走去，宫殿和花园神奇地消失于视野之中，让位于最崇高的遗世独立的自然野趣。再前进几步，也许在道路的拐弯处会突然出现一条通向园林与建筑的透景线，它会因为处在阳光照射下而在浓密的常绿树丛中闪闪发光，又或者你将会看到建筑的烛光形窗棂在峡谷之上闪烁微光，就像童话中的场景变成现实一样。这难道不是最使人迷醉的景色吗？而这样的美难道不是通过对比所产生的吗？

[27]

但是对于缺乏原生自然环境，比如仅仅是一片被乡村景色围绕的草场这样的场地而言，就需要另一种策略了。首先得创造出属于这块场地的风景。虽然无论在何处，所有的美都基于同样的原则，但在这种情况下需要换一种方式来激发与达成美。这种情况下，应强调建立一种令人愉悦的、总体上的和谐感，强烈的对比手法在此并不恰当。任何长距离的视线都需要与园林自身的特质保持一致。在此，我们需要创造一种崭新的方式来完成一件令人满意的艺术品，整个庄园的大小将成为我们所考虑的首要问题，而在本书开始阶段，我们仅仅需要去提升一处场地，来让所有的自然要素为我们的想法服务。那些介于这两种极端之间的情况（指过大或过小之间，中等尺度的场地，译者注），则可以根据设计者的品位、场地本身的性质等做出调整。我所说的这些可以作为基本原则适用于上述所有情况。

[28]

第 3 章

—— ·✦· ——

围 合

我常听人说,没有什么比在园林(park)*中追求未经修饰的自然之美与将之围合起来更加冲突的了。

而我不这么认为,并且我完全赞同英国人的观点,他们克服了许多困难来界定园林的范围,运用不同的围合方式,并将它们隐藏在园内视线不可及之处。相比于美学方面的考量,围合更多出于实际需要,虽然我亦不会否认前者。自然界中的美景也大多有着良好的边界啊,并且这样的分隔只会给美景添色。被繁茂树林所环绕的山谷,无法靠近的绝壁悬崖,被水面围合出的小岛,会使我们感到一种私密性,甚至是完全的拥有某处,不被打扰的安全感,当我们也同时欣赏这样的环境,那么我们所享受到的美感将是加倍的。与此相似,在园林中,一座处于保护目的的围墙或栅栏应该成为受欢迎的实用之物,事实上这是保障人们能平和、安全地享受一处风景的必要条件。只有那些不受欢迎的经过者会被阻挡在外,我们自己则可以毫无阻碍地徜徉于园林内外。这样的观点只会引起那些最古怪的自由理念捍卫者的不适,这些人似乎想要推倒所有的围墙,包括想象中的围墙,鄙视任何与此相关的事物。正如我前面提到的,英国人不仅给每处园林都建起围栏,并且由于他们对动物的喜爱,他们会将园林中每一处独立空间,所有的灌木和每一棵幼树都围起来。这似乎是有点太过了,并且会影响视觉效果。但我还是常常发现一些围栏,它们可以创造出如画的效果,尤其是在那些场地特征发生变化的地方,它们提示观赏者变化之处,并且提供平滑的过渡。

围墙是必须的,安全、高耸而坚固的围墙被证明是很实用的。就像法国的烹饪书在介绍如何做准备工作时,总是以明智的提醒作为食谱的开头:"准备一条鲤鱼,一只山鹑,等等"("*Ayez une carpe,ayez un perdreau,etc.,*")[7]我总是会在给出我的有益建议的同时,提醒人们做好开销以及土地方面的准备。所以,让我们建起围墙吧,由于我们讨论的是自然式的园林,我们需要围绕整座产业的围墙,同时也需要各部分之间分隔性的围墙。但是围墙越实在,就会越难看,不应让人们过度注意到园林的尽头,所以我们需要在大部分的边界用密而宽的种植来隐藏这些围墙。如果我们要处理的是不怎么招人喜欢的粗大木栅栏,那么要不就把它们藏在人们看不见的地方,要么就用深深的"ha-ha"[8](ha-ha是英国风致园中经常使用到的一种作为边界的深沟,也被称为"隐垣",译者注)代替。在这些边界处,任何不自然的或人工的东西都应该用不同种类的植物加以软化。除非是要跨过隐

[29]

[30]

[31]

---

* Park一词的本意是指饲养着动物的花园,但本书中为了简便起见,用它来统称具有一定面积的园林化了的土地,详见以下章节"园林与花园"(Parks and Gardens)。

垣（ha-ha），步行小径不应靠近它，也许可以建一座小吊桥来引导人们通往远离边界的开阔地带。边界周围的种植需要考虑更强的多样性。其中一段也许是些高大的乔木，树林延伸出200~300步（pace）甚至更远，临近的一段则被较窄的、更加低矮的灌木丛所覆盖，越过灌丛，可以看到部分远景。另一段的种植则能让人们不仅从灌木之上而且从树顶之下看到远处的景致。如果用一段园墙来围合园子，那么最好是覆盖上藤蔓或者是野葡萄；并应留出适当的透景线，间或被一些灌木或乔木所打断；也许与建筑、游廊以及其他相似的构筑物融为一体。这种情况下的围墙将不会有损于风景，相反将会强化整体效果。

　　从本地气候出发，且考虑场地情况，当然大多数时候场地不是问题，我将会对理想的园林边界围合给出以下建议，这样理想的设计，哪怕在我自己的庄园中也只实现了一部分。

　　首先要做的是沿整个园子挖一条16英尺（1英尺约等于30.48厘米，译者注）宽的深沟，[9]然后播上厚厚一层黑荆棘或是金合欢（acacia）的种子，这些植物在此宽度的土地上经过数年生长，将形成一道无法穿越的篱墙。篱墙后面，则应围绕园子种上松树（除了一些的确需要开敞视线的地方之外），并种植一些灌木与松树搭配，丰富夏季植物色彩。在那些需要将植物控制在一定高度之内的地方，可以种植一些雪松、紫衫，并选择一些较小的云杉，以及一些欧洲冷杉（silver firs）[10]和其他常见品种的冷杉，这些植物能够耐受轻微修剪从而保持灌木形态。沿树丛可布置一条宽约24英尺的草地散步道，草地宜适当变化，时而收窄，时而放宽，但不应超过48英尺。*在这条步行道靠近园内一侧，可开始种植混交林，与那些占据主体地位的松树一起构成背景树丛的骨架。在夏季，这些混交林会遮挡那些单调的常绿树，只在一些需要的地方露出一点来。这样的种植对提升园林生趣的作用是无法估量的，哪怕是在德国本地灰暗的冬季里，所有的东西都变得荒凉萧瑟，前述的草地散步道依然会是一处最迷人的步行场所。不管是冬季还是夏季，前景的常绿树都能给园林增添色彩，这在冬季显然是更加明显的。在种植形式方面，一座规划合理，设计得当的园林哪怕在缺乏色彩的情况下，都应能在每个季节显示出美丽的景色。即使在毫无装饰可言的冬季，园林也依然能通过大量的树木、草坪、水体和道路、溪流的流畅线形所形成的和谐关系构成一幅有趣的图画。毋庸置疑，那些种植于边界附近的针叶树也应尽量看起来自然和谐。我将在"种植"这一章详述有关细节。而现在，请参看附图一（Plate I），我会用草图来解释我所说的。在草图a中，一条绿色的小径就仿佛隐藏在园林之中，而在草图b中，虽然可以清晰地看到草地散步道，但它却可以像草坪一样逐渐消隐在灌木丛中。

　　在英国，有大量的园林边界被一圈规整的、条带状的、稀薄而杂乱的种植所围绕——尤其是布朗（Brown）[11]设计的一些古老的园林（从某种程度上来说，布朗堪称风景造园界的莎士比亚），虽然能表达某种诗意，但依然显得繁琐、生硬、缺乏雅致的韵味。而他的学生只是模仿了他的缺点，却并没有继承他的成功之处。这样的边界种植以内，是一条平行于周长的大道，沿着道路的大部分围墙都能透过树干被看到。这与我的建议相去甚远，我所设想的绿色散步道在夏季时能够和周围草地融为一体，完全看不出来，它们只在寒冷的冬季才显示其作为道路的样貌。前述的设计（英国园林中的设计）起源于风景造园

[32]

[33]

[34]

---

*　这一宽度是为了让那些常绿树的枝条能够自由伸展。

的早期，那时人们才刚开始建造如此规模的园林，虚荣心使得园主人们只是希望园子看起来越大越好，但这却不是一个好主意，因为它以炫耀的方式展示出本来应该被艺术化地隐藏起来的部分。

[35] 显然，我们除了需要考虑保护性的围合以外，也需要引入远处那些具有视觉吸引力的景物，每一条通往园外的视线都需要汇聚于园内某个焦点，这样才能让园林看起来比真实尺度要大。这些视点需要精心组织，以使得游览者不会注意到园林的边界，哪怕这样的视点已经远远超出园界以外。更重要的是，每一处精心规划过的远景都不宜被重复看到两次。举例来说，一座山峰应该总是只显露出某一部分，只有一个视点能看到山峰的全貌；对于远处的小镇或城市风景也是一样。除非让游览者逐步向上来接近一处风景，否则相比于直接呈现出前方的景色，要有效地隐藏起它们是很难的。当游览者发现前方一处令人惊叹的美景，但不一会就会抱怨说："前面这些大树真太碍眼了，如果能把它们移开这景色[36] 将是多么美啊！"那么我们就做对了，假如我们真的照他们的想法砍掉那些"该死"的树，他们反而会觉得吃惊，因为所有的美景都将瞬间消失。一座宏伟的花园就好像是一个巨大的画廊，而画幅是需要画框的。

第 4 章

──── •✦• ────

总体布局与建筑

　　不论大小，在最近建造的几乎所有园林中，都会精心考虑各种造景要素的布局构图。我们的直觉应该成为重要的引导，更为详细的内容我将在后续进行介绍。但以下这些可以作为基本原则：如果平面图中明暗关系得体，那么在大尺度上的组织关系就应该是成功的了。这是因为草地、水体和场地并不会产生阴影，而需要从其他要素获得，这些就是风景 [37] 园林师可以用作平面图中的亮处的元素；树木、森林和房屋（和那些可以被利用的岩石）则可以用作阴影。因此，必须避免过于混乱和变化过多的"亮处"以及细节。另一方面，阴影也不能过重，就像草地和湖泊不能过大，那样会使得园林看起来过于散漫和乏味。草地和湖泊这些"较亮"的部分在某些时候应该消失在植丛的阴影之中，或以高光的形式重又出现于一片较暗的背景中。建筑物不应完全裸露于一片开敞空间，那会使它们看起来像是怪物一样，而无法融入自然风景之中。半掩半露会增强任何一种艺术的美感，总需要留些空间供人们美好想象。远处模糊的烟囱升起袅袅炊烟，从树林的顶端飘散至蔚蓝天际， [38] 这样的美景远比将这个府邸完全暴露出来，离开自然的温柔环抱，没有任何富有生趣的景物来掩映要令人愉悦得多。

　　建筑物必须要作为风景的一部分，展示出与周边景致相容的特色，这是非常重要的。* 但许多德国造园师无法领会此道。城市中的建筑与园林中的建筑需要完全不同的设计。前者可以作为一个独立结构兀自耸立，后者则需要作为一个更大整体中的组成部分而存在，它不仅会因为环境而变得更加富有意趣，而且会将这一影响回馈给环境。因此，建筑需要同时作为环境的组成部分和点睛之笔来考虑。这仿佛是个不成文的规范，在园林中布置与环境和谐的建筑，将会增加自然景致的画意。一座为祭典而兴建的庙宇，一处为艺术而修 [39] 建的剧院或博物馆，毫无疑问需要对称的形式和严谨的风格，而一座乡村别墅则可以更加注重舒适开敞，小径蜿蜒。从古人所留下的遗迹来判断，他们的别墅和乡村住宅也遵循这些原则。这方面最好的例子非蒂沃利（Tivoli，著名古城，位于意大利中部，译者注）的哈德良庄园（Hadrian's Villa，公元2世纪由罗马皇帝哈德良营建的大型皇家花园，译者注）莫属。对当地人来说，甚至在意大利最为繁盛的15~16世纪，这样的例子还是相当

────────────

* 正如我已经提到过的，虽然对比可以存在于整个园林当中，只要它能和园林的其他部分和谐。就像我举例过的，野性难驯的自然和宏伟壮丽的艺术可以共融。精致的凉亭却无法融于荒野，而一座意味深长的废墟则可能更好地与之融合，不会和已经存在的环境产生过大反差。

常见的。掩映在其他景物之后的层层叠叠的建筑群，同样质感的墙面上开有大小不同的窗户，大门开在建筑侧面的高处，凹凸的屋角，从这儿或者那儿隐隐现出一段有着丰富装饰线脚的高墙、独立的高塔、宽阔的出檐、自由布局的阳台，这些美妙的"不规则"设计，没有一丝的不和谐，因为每一处脱离规则的设计都有着符合我们想象的动机，或者至少是能够被推断且适应其自身要求的。

[40]   但是，建筑到底应该被布局在场地何处仍需我们重点考虑。例如一座矗立于平坦田野中央的中世纪城堡，就像位于莱比锡（Leipzig）附近的玛彻（Machern）的那栋建筑一样；还有被建在质朴田园领地中一片阳光稀疏的桦木林里的埃及金字塔，或者是被法式刺绣花坛（French parterre）围绕的小茅屋，这些设计简直近乎可笑。它们都是完全没有必要的对比，只会破坏和谐的景致。而哥特式建筑的尖顶，不宜与同样尖细的云杉或伦巴第杨（Lombardy poplars）搭配，只能配以古老虬曲的橡树、山毛榉或松树。云杉或杨树却和水平线条居多的意大利式别墅建筑更搭。

在满足主要目标即创造一种和谐之美后，建筑的功用也应得到清晰体现。一座哥特建筑如果仅仅只是因为某人希望有些哥特风格的建筑而被建在那里，将会让人感觉怪异。它只能让人临时停留（hors d'œuvre，德语开胃菜之意，作者在此做了一个诙谐的比喻，译

[41]   者注），把它当作住宅是不够舒适的，仅仅作为装饰又缺乏足够的动机和与周边环境的融洽联系。不过如果我们从远远的地方瞥见山坡上古老森林的天际线出现一座哥特式教堂塔楼，并且了解到那是某个家族的墓地，或者是经常被使用的祭典场所，我们会对这样符合目的的装饰感到满意。

同样的，如果一座宏伟的府邸被平庸的景色所包围，它的周围是一些贫民的小屋；或者是一座不起眼的乡村别墅被置于一片无垠的园林之中，以上两种情况都会令人产生不悦的印象。我也已经提到过豪华壮观的建筑被置于奶牛随时可以破门而入的环境中是多么的不合时宜了。

建筑需要和周边环境建立起一种有意义的联系，并且总是具有某种特定的目的。因此，我们在运用那些来源于完全不同的宗教的庙宇以及古代民族的信物，或是那些不仅不会给人深刻情感触动，反而会让人觉得愚蠢的毫无意义的纪念物时，都应三思而行。

那些有着陈旧而令人费解的神话故事主题的入口，今天看来是完全没有必要的，同

[42]   样应该避免使用仅仅是为了给某个特定场所创造特殊氛围的题刻。哪怕他们是出自歌德（Goethe）之手，就像在魏玛那样（Weimar，德国地名，译者注），也毫无例外；它们更适合出现在文学作品中。只有在那些必须使用文字的情况下——比如在一块用来指示方向的路牌上——出现文字信息才是令人感激的。除了历史上的杰作以外，此种题刻中最让人"喜爱"的莫过于《鲍姆加特纳的花园》（Baumgärtner's Garten Magazin）杂志中登载的一副精美图画上那把椅背上刻有"Orestes and Pylades"两个名字，象征着美好友谊的椅子。[12]而它的近旁则是一座为音乐所建的凉亭，栏杆使用曲谱的形式，让路过的人们可以"毫不费力"地阅读和哼唱民歌"生之欢乐"。[13]多么"好"的范例啊，哪怕是那些最迟钝的人

也能从中学到点什么。*

英国人也不能免于这样的愚蠢。靠近伦敦郊区有一幢本来可以很漂亮的别墅，我却发现在杂木丛的树枝上挂着一个被涂成白色的木质丘比特小雕像，鼓着他胖嘟嘟的脸蛋，好像随时准备将它的箭射向路人，20步开外则是一群同种材质制成的仿佛被定住的猴子，假作在草坪上嬉戏。在提出疑问前，我了解到，这处房产属于一对新婚夫妇，这位啤酒酿造商刚刚带着他的新娘从欧洲大陆来到英国，这就很好地解释了丘比特和猴子的出现。 [43]

住宅毋庸置疑是一座园林中最为重要的建筑，它不仅要与周边的景色相融，还要符合主人的社会地位、财富甚至是职业特征。对一位商人来说，城垛围绕的巨大城堡和角楼或许并非良配，但却很适合作为一位有教养的贵族的居所，他的家族拥有绵延几个世纪的荣耀，而且他的祖先也的确需要这样一座具有防御功能的堡垒来保护居住地的安全。老雷普顿[14]运用他的专长，为一位布里斯托（Bristol）商人的别墅设计了仿佛是"种出来的"，完全与城市景色不同的风景，以使得它已经退休的主人能从其所从事的商业活动的劳累中解脱出来，避免任何会勾起那些早年苦累和烦恼记忆的场景。这大体上就是英国人，以及那片土地上许多自我中心主义者的做法。只要不是恰巧为他们所有，他们便会逃避面对风景的所有特质，哪怕再如画的景致也是一样。我们当然没有他们那么极端的小题大做，我们会保持主屋的外观与主人的品位一致，这种品味总会在那里，因为居住建筑的外观看起来如何总比不上从屋内向外眺望的景致如何那样重要。也许对于园林中的其他建筑，情况常常正好相反。 [44]

顺便，我要指出，场地的朝向方位也需要仔细考虑。德国的气候使得住在朝北房间里的人总会听到暴风的呼啸，所有的景物都时常笼罩在昏暗的阴影中，然而他住在南面的邻居却总是可以看到晴朗的天空和阳光下的风景。 [45]

当我们面对的是真正的古老城堡（而不是按照传统风格新修的现代仿品），它们作为家族遗产保存了很长时间，我认为我们应该做的仅仅是使它们变得更适宜居住，更具有吸引力，但我们也必须尽可能保留它那静谧的氛围，哪怕我们可以想象出把它变得更美的方法。对于时间流逝的记忆，以及岁月的庄严，同样是值得珍惜的事物。然而使我们感到不幸的是，当今那些伪造岁月痕迹的方法，正在破坏众多这样的珍贵之物。最近，在我的领地内，一座属于这个国家最为古老的贵族家族的雄伟城堡被花费巨资进行了拆除，取而代之的是一幢三角形的建筑，看起来就像是出自一位资质平庸的建筑师之手的、用莱比锡帆布搭建的仓库。对这仓库一般的建筑来说，唯一能与那些成捆成箱的仓储货物相匹配的

---

* 这样说，并不是要减损那些善良快活的老绅士们通过出版这本杂志而从德国公众那里获得的赞誉。虽然难免有些错漏之处，这本杂志依然包含了大量的有用信息，并且启发了更多的其他思想。在当时，对推广更具品位的造园艺术具有一定帮助，比如对作为活生生的案例并备受尊敬的前德绍王子的介绍。虽然当时其他艺术的发展要远超造园。

这项事业（指杂志发行，译者注）在经济上的成功，反映出公众对造园艺术的兴趣。我从我们受人尊敬的朋友口中得知，他们在杂志发行上至少赚了60000雷切斯特勒（Reichsthalers，神圣罗马帝国货币单位，译者注），这在德国是相当大的一笔钱了。

"权杖"，恐怕只有商店主人的码尺。

[46]　在英国，人们不会做这样的傻事，任何地方人们都更为虔诚地保留，更加自豪地保护传统。那里可以看到许多保存时间超过6个世纪的简单中产阶级家庭住宅。比如位于爱尔兰的马拉海德城堡（Malahide Castle），它坐落于塔博思（Talbots），仍然拥有满屋的细木护壁板和室内家具陈设（boiseries and Ameublements），这些都可以追溯到遥远的古代。谁又能貌视雄伟庄严的沃威克城堡（Warwick Castle）[15]和它屹立千年的巨大塔楼；谁又能看到北安博兰公爵（Duke of Northumberland）的皇家府邸而不感受到这座里程碑式的建筑那无与伦比的美丽和雄伟恢宏，并为之感到令人陶醉的惊叹和愉悦？

在我看来，当今的建筑师更擅长于营造以平和为目的的居住建筑，而不是古老要塞式的城堡。在此种建筑上花费最巨的，非英国的伊顿宫（Eatonhall）和爱丽舍宫（Ashridge）莫属，成千上万的金钱被浪费在制造幼稚的想象场景上：巨大的城堡被花园所围绕，在那里雉堞和无数的瞭望塔伫立在充满异国装饰的玻璃温室之上，完成了最彻底的疯狂。就像是一位古怪的旅行作家曾经准确指出的那样，这些城堡的拥有者若想和建筑保持一致的

[47]　话，只能像唐吉珂德（Don Quixote）一样穿起厚重的盔甲，拿起长矛，来游弋于他们的乐土了。

哥特式的华而不实应予以避免，那些影响或多或少会使人觉得过于呆滞且死气沉沉。

第 5 章

————— ◆ —————

风景式园林与花园

这是两种截然不同类型的园林，未能正确认识这二者之间的区别或许是我所见之德国，包括英国的庄园所存在的主要问题。就像穆勒[16]所提到的，我们所看到的总是艺术和胡诌的大杂烩。

在一个更广泛的意义上，风景式园林（也可称风致园，"park"）今天常指代一片用来创造"自然图画"并且用于居住的地产。然而，风景式园林有着比现在所称的"娱乐场地"*（pleasure ground）和它所包含的花园更加恰当的定义。风景式园林唯一要体现的就是未被侵扰的自然，以及周边的景色，除了维护良好的小径和依需要而设的建筑之外，人工痕迹越少越好。然而如果按某些人所希望的那样，将这些（指人工之物，译者注）都去掉，让来访者们蹚过深深的草丛，或被森林里的荆棘所划伤，以保持纯粹的原生自然状态，连一座待客室或者为劳累的旅人准备的迎接座椅都没有，在我看来（哪怕卢梭[17]曾经推荐过这种做法），这还是缺乏品味的一种表现。一座园林当然应该反映自然，但需要是适于人类使用，并且使人愉悦的自然。如果可以在一座农庄里引入它邻接的风景式园林的一部分，如一座磨坊或是工厂，只要注意分寸，不要过度的话，那将会增加其生趣和多样性。为避免混杂，在总体规划时，最好是能将这些不同景物分开布置，而不是将它们混合在一起。场地作为一个整体与农庄连为一体，像上述提到的那样，风景式园林的用地不能太过分散破碎。有着共同特征的用地应该作为完整的单元组合在一起，并且这些单元中也包含它们与周边景观的衔接部分。如果已有的几种不同景致的单元过于靠近，或它们有不同的用途，那么它们需要统一的设计，避免过多的细节和混乱。以穆斯考园为例**，其中一座渔民的小木屋坐落在由河流支流所形成的湖泊旁，它倚在一棵高大的橡树边，在距离木屋不到200步的河岸高处，有一处观景台，它的近处是一座冰窖及看守者的小屋，在同一方向视线延伸处，河岸的远方（看起来很近），有一座英国风格的农舍，它的后面则是一片乡村建筑的茅草屋顶以及突出于天际线上的教堂尖顶。

[48]

[49]

[50]

———————————

* 娱乐场地（pleasure ground）很难被准确翻译成德语，我认为保持其英语形式更好。它指房屋附近，具有装饰性，且有围栏的区域，它的范围远超过典型的花园，从某种意义上来说，它是联系花园与外部风景式园林的过渡地段。

** 请允许我重申一下，我时常引用自己的庄园作为例子，并不是出于骄傲自大，而是因为找不到更能支持我理论的例子了。并且出于简洁考虑，我需要讨论一些案例完成时的样子，但在现实中，它们并没有完成，在我写作过程中，它们仍在建设。所以我所引用的案例至少是已经完成了规划，这证明它们已经被充分验证过了。如果不是这样的话，我得至少等十年以后才能出版我的作品，到那时（我相信会是这样的）也许它们（指著作，译者注）已经没用了。

这些景物都各有其不同的设计意图，有些靠得其实相当近，有些则只是因为从道路视点看去，感觉很近而已。如果它们都建造成不同风格，那将会有损于高雅的品味，而变成一道真正的"杂烩沙拉"（salmagundi）。[18]要避免出现这样的情况，就需要保持所有建筑具有与周边主要村庄同样的质朴风格，仅做细微的调整。这就要求在英式风格的农舍、渔民小屋、观景台、冰窖的屋顶都使用稻草或村庄所采用的其他乡土材料，以此使整个片区和谐一致，成为穆斯考园中一个统一的单元，远远看去就好像是繁荣的村庄蔓延到了河两岸。因为统一也是通过多样来达成，20座不同样式的建筑分布在一个区域里，就得至少让人感觉到是20个不同的建筑，但一座由上万座房屋组成的城市，则需要最终形成一个统一的意象。

[51]

如果视线所及是一处宽广的风景，那么它当然可以包含各种不同的景物，这种多样性并不会产生破坏作用，但在许多曾经是很著名的园林当中，这样的多样性都超出了游览者的理解范畴，更不用说从中得到愉悦的享受了。一座中式宝塔或是哥特式教堂，两三座希腊神庙，一座俄罗斯式大厦，一处城堡废墟，荷兰奶牛场，甚至是经过设计的巨型火山堆砌在一起；在这样的情况下，哪怕周边本来是美丽的风景，人们也无疑会产生一种审美疲劳的感觉。

[52]

另一方面，娱乐场地和花园的基本设计原则与风景式园林大为不同。花园可以分为许多种类，例如花卉园、冬季花园、果园、攀缘花园、蔬菜园等等。在英国，我曾经见到过来自于中国、美洲等的异域风格，甚至修道院花园、陶瓷园等不同种类的花园。

在此，我要对前面提到的一个词做一点更细致的解释，如果一座风景式园林（park）是对自然的完美、集中体现，花园（garden）则更注重对居住建筑的延伸。所以个人品位可以在花园里得到尽情展示，捕捉来自于想象的哪怕是最诡谲的片段。*花园应该是具有装饰感的、舒适的、被精心呵护的、在允许范围内极尽奢华的。草坪应该像丝绒地毯一样，以鲜花作为图案，种植最美丽最稀有的异域植物（要确保自然或艺术环境能够保障它们苗壮成长），豢养难得一见的动物和有着美丽羽毛的鸟类，**闪闪发亮的座椅，清澈的喷泉，茂盛的庭园小径所形成的阴凉。齐整与怪状并存，总之，不断地变化以保持多姿多彩。就好像是装饰各异的室内沙龙，花园内一系列的空间在一个更大尺度上连续铺展于开阔的天空之下，那蔚蓝色的穹顶点缀着时时变化的云朵，就好像是花园巨大的彩绘天棚，太阳和月亮就是大厅中永不熄灭的烛火。控制这些细节更多是富有技巧的装饰性花园设计师（ornamental-garden designer /technischen Kunst- und Ziergärtner）的工作，并且更多依靠园

[53]

---

* 当然，这些不应该堕落成为臭名昭著的恶作剧，就像我在维也纳附近的Braunsche花园里见到的，一座像酒桶一样的屋子里，伫立着巨大的纸板做成的第欧根尼（Diogenes，前412-前323，希腊犬儒主义哲学家，译者注）的雕像，摆出一副防备来者的姿态，好像刚刚才有人扑灭了他的灯笼。另一处则放置着一张会给人"惊喜"的座椅，游人坐下几秒之后就会突然喷出一股凉水将人劈头盖脑地浇透，还有其他一些鲁莽的设计。

** 应该注意不能做得太过头，尤其需要避免视觉或嗅觉上的粗鄙。如果不能避免这些不当之处，那么最好是放弃整个小动物园。在一个以"舒适地"享受美为追求的环境里，还是不要引入那些需要人们捂着鼻子才能欣赏的"奇趣"比较好。

主人的品位，也许最好将此交给那些温柔敏感，又极富想象力的女士们。

　　因此，对花园设计我将只给出一些粗略的建议。 [54]

　　花园中每一个独立区域，包括"娱乐场地"都应该通过一些布置来区别于周边的风景式园林，这仅仅是从保护珍贵财产安全的角度。如果场地允许引入抬高的阶地，或是连续的隐垣（ha-ha），那将成为装饰性花园的最佳边界。相比于隐藏的园界，清晰可见的规整边界更加符合花园的需要，因为它本来就是一件人工艺术品，并且应该对游人呈现出这种属性。

　　由于这些边界将所有的家畜和放牧都隔绝在花园之外的那些风景式园林的草场上，又或者仅仅是将花园从需要修剪的草地中划分出来，游人将首先会被周边那些明亮多彩的景色所吸引，比如丰富的观赏植物和近处修剪得平滑如毯的翡翠色草坪。但同时远处的更为宽广的风景，那些壮观的组合——由草坡形成的高高的深色波浪，点缀着野花，一直蔓延到远方，在微风的轻柔抚摸下，美得就像是一位少年在轻抚爱人的长发；也像一群好心情的搬运工在散发着清香的干草堆上嬉戏，微笑的太阳在他们头顶投下闪烁的光束。如此这般的野性自然与艺术装饰之间的对比，将毫无疑问是令人愉悦的。它们清晰地区别于彼此，而最终又会将不同之处融于一个完整的画面之中。 [55]

　　各种花园（它们的数量越多，种类也会越丰富）是应该集中分布在一片较大的空间内（一般来说花园最好位于居住建筑附近），还是应该分散于整个园子的各处，需视具体的场地情况而定。在我自己的园子，我选择了一条中间路线。与通常情况下英国人将"娱乐场地"仅布置于房屋一侧的做法不同，我将之扩展到整个城堡四周。在此范围内，我首先在靠近窗台的地方布置了花卉园，并将这一特殊断面设计成一个整体。不远处依次分布着桔园、冬季花园、温室、蔬菜园。然而，我将果园、葡萄园和苗圃分散布置在外围风景式园林中，与城堡完全分开。我还把一系列不同风格的更小些的花园与园中其他主要建筑相连，后续会有详细介绍。 [56]

　　虽然园中各处都有花卉植物的种植，但只有被称为花卉园（flower garden）的花园才真正是展示花卉巨大规模与繁多品种的场所。容我重申，它们如何组织，应该被置于何处，这全凭主人喜好。但我仍要强调：同种花卉大量种植远比将多种花卉混合种植在一个花床的效果要强烈得多。花卉种植设计中有许多细微差别，考虑到适合于实际情况的花卉千差万别，长期的实践和经验总结才是最好的老师。周边植物对光线的遮挡和反射对花卉产生的影响需要特别注意。种植在阴影里的玫瑰和阳光下的会有截然不同的颜色，并且这一点在蓝色花卉身上更加明显。然而，这种影响在光线阴暗处会更加显著，园丁们会让阳光直接照射到混色种植的花卉中纯白色的花朵上，在彩色的花卉中间夹杂一些白色花卉会增加色彩的鲜艳程度，并使得色彩层次更加鲜明。 [57]

　　就像是其名字所暗示出的那样，一处冬季花园（winter garden）只需要种植一些常绿植物。唉，在德国的寒冷气候下，要保证它的多样性实在是太难了，但还是可以通过柑橘属植物和温室来增加它的趣味的。此外还可以增加些雕塑和富有建筑意趣的喷泉，即使寒冷冬天冻住了水流，依然会有如画的景致。从一座古典样式花园或者法式花园（"Geschmack"）的设计借鉴灵感，是设计此类花园的最佳途径。如果需要布置一片草坪，那最好是运用常绿地被植物，或者是浅绿色的低矮灌丛，如蓝莓或蔓越莓等。

[58]　　　我再次申明我必须对所有这些主题保持非常简洁的介绍，那些深入到细节的说明将超出本书的写作目的，但同时也因为这些情况会在我随后对穆斯考园的介绍中有所涉及。

　　　所以我将会以对果园和餐厨花园（kitchen gardens）的简单建议结束本章。虽然它们大部分是以实用为目的的，但它们依然能提供相当像样的花园空间。只要能合理组织植床，果树成行地整齐种植，并配以有着矮墙和廊架的步道（见附图I中c图）和舒适的、边缘种植有宽阔花境的小径，并尽可能地保持整洁与秩序；游人就能在这里享受早春的暖阳，或者在金秋时节，从树上或灌木枝条上摘一颗最新鲜、最想吃的水果。在英国，人们希望任何事都能够做到便捷。他们会把草莓种植在路边的台地上，这样人们就不用费力弯腰去摘。同样的道理，他们也会在果园里沿着果树修筑高于地面道路，这样就能让樱桃和苹果长到刚好让人可以张嘴吃到的高度。在蔬菜园中会有一些很实用的墙体，同时可以利[59]　用它们的受光面和阴影处种植不同的蔬菜，各种水果和蔬菜都被培育得能够沿墙生长。但是，英国仍然缺乏利于室外果树生长的足够日照，就像洛拉盖伯爵（Due de Lauragais）时代一样，最成熟的水果依然是"烤苹果"。*

---

*　他有一句名言：在英国，唯一会发光的只有钢铁，而唯一熟透的水果只有烤苹果（qu'en Angleterre il n'y avait de poli que l'acier, et des fruits mûrs que les pommes cuites）。

第6章

风景式园林、草场与花园中的草坪布置

　　一片清新、葱茏的草坪对于一处风景来说，就如同是一座旧神像的镀金背龛，在那样的背景衬托下，圣人们专注而和善的面容一直到今天都显得如此迷人。草坪让整个"自然画卷"都显得鲜亮，它给予了太阳一片肆意嬉戏的地毯，而一块贫瘠的不毛之地哪怕处在一片美景的包围之中，也会带给人们一种葬礼上的寿衣般的悲凉感觉。如果一片草坪仅 [60]
仅是绿油油的，但潮湿到人只能观看，无法行走；或者草皮太过松软而且黏重，没有一块是坚实的，人走入会陷进泥土，马或者四轮马车很容易在上面留下几个月都无法消除的印记；这样的草坪都是不合格的。后者也许不易察觉，尤其在草皮刚刚铺设没多久，天气又很潮湿的时候。然而，如果养护得当的话，哪怕是沙质土，不久之后，草坪就会变得坚实，并形成像地毯一样的表面。就这一点，我将给出以下一些简单的建议，这些都是在我所居住的地区经过多年验证所得到的经验。

- 不管是草坪、牧场，还是"娱乐场地"，只播撒一种草种是不够的。单一草种的草坪无法形成真正的厚毯一样的效果，不管是否选用了多年生草种。

- 针对前两种功能（草坪和牧场），我发现那些最野生的草种是最适合的，尤其是配以通过验证，最适宜本地土壤的优势草种。优势种的比例应占到全部草种的一半或三分 [61]
之一，再混合其他多种草种。牛草（timothy）是潮湿型土壤环境下的优势种，黑麦草（ryegrass）适合黏重土壤，金三叶草（yellow-clover）和野燕麦（oat grass）适宜黏土，绒毛草（velvet grass）适宜沙质土，在高地则适合种植白三叶（white-clover）。

- 干燥的环境有利于在播撒草种前进行土壤深翻，不论土壤成分如何都只需要翻大约两锹深。如果下层土壤比较贫瘠，那就需要将表土重新覆盖上来；沙质土必须用淤泥、堆肥或田土来进行改良。但若这样做花费太高（指人工深翻，译者注），也可以用犁车翻土，而其深度必须达到锹翻的两倍以上，以给土壤改良留下足够空间。当土地准备就绪，就可以选一个潮湿的天气（对我们来说，最佳播种季节在8月中旬到9月中旬之间），密密的播撒上草种，并且马上进行场地碾压。对于黏重的土壤，最好选一个干燥的天气播种。这样，在十月底就能看到最亮绿的青草形成的绒毯似的草坪了。在接下来的早春， [62]
草坪需要进行修剪以保持其生长旺盛，然后就需要留出足够时间给它们结穗、落种，这将保障草坪在次年依然能保持浓密。现在，没有什么特别需要去做的了，除了确保在每年修剪过后进行碾压并且每隔三到四年施足量的肥料。根据具体场地需要，可以施以堆肥、田土、淤泥或新鲜的粪肥——所有那些人们最容易获得的肥料。让其他许多园主吃惊的是，我用上述方法，在干燥的沙质土上种出的最茂盛的草坪，在过去10年中，它们越长越好。所有的相信它们会死光的断言都被证明是站不住脚的。而且，它还从经济角

度证明了这是一项良好的投资，因为我在4年内就收回了成本。

- 潮湿的地区需要在种植前进行彻底的排干，最好的办法是像英国人那样，修建用大型空心陶管放置在平铺的砖块上联接而成的地下排水系统。它们组成了十分耐用的渠道，并且不会像用岩石和树枝砌成的明沟一样不时被碎渣所堵塞。如果水量充足，而且场地拥有足够坡度形成较快的流速，那么就可以建造美丽的小溪。它们不仅提供更好的排水，看起来也会更漂亮。但是它们需要遵循自然规律来进行设计，以确保其有益于风景而不是破坏它。我会建议这样的溪流应该有急转弯，而不仅仅是平滑的曲线。它们的驳岸应该尽可能保持最小的角度，不破坏草地的平缓或者过度分割草坪空间。最后，将多余的土壤移走，有时从高处，有时从较低的溪岸；并种上灌木，增加岩石和水生植物；这些将会给河床带来必要的多样性和细节。我自己的园林中也有一处十分坑洼而且巨大的泥炭地。它的水量太多，坡度又很小，需要开挖很多明沟；如果按照通常做法，那将会非常碍眼。但我想到了一个好主意，我在此建造了一个三角洲，并且根据上述提到过的，从统一到变化的原则，种植了大量的芦苇及其他水生植物，喂养了各种水鸟，创造出一个完全原创的，拥有自然野趣的风景。

    显然，所有那些必要的灌溉或洒水系统都需要仔细考虑，最好是能在春天将整个场地浇透几天，并且在条件允许的情况下，在每次除草修剪后也浇上一遍；而不是在炎热季节每天浇水，因为我并没有从中得到过什么好处。

- 对于"娱乐场地"和花园中的草坪而言，应该根据土壤要求来选择草种，但应避免使用那些质感粗糙的草种，像绒线草、野燕麦、鸭茅（orchard grass）等。英国园林中这类草坪常用英国黑麦草、高羊茅（festuca ovina）和白三叶等，而如果你想种些比燕麦更讲究的（recherché），还有几种剪股颖（bent grass）和其他质感更细致的草种。在我们本地的土壤和气候条件下，能在最短时间内得到一块漂亮坚实、绿毯似的草坪的方法，就是选择那些常见于农田和森林边缘的细致牧草，并做成草皮进行铺设。只需要把草皮切割成长条状并卷起来，然后搬到整理好的土地上铺好，用木桩固定，再用小块草皮把所有缝隙都填满，撒上些许肥沃的园土和上述提到过的混合草种，一切齐备后进行碾压并浇水，这将保障草坪的效果。但如果稍后你发现仍然有些地方看起来比较稀疏，很简单，你可以深挖下去，把那块草皮揭下来，替换上另一块，而那块补丁很快就会和周边一样青葱茂盛了。在铺好草皮后，仔细地管理养护是关键，任何缺乏养护的致密草坪都不会漂亮很久。明智的做法是，在潮湿天气每隔8天修剪一次草坪，干燥天气则每隔14天进行修剪，并且同时要进行碾压。最好是能在修剪前进行碾压。首先，碾压可以将那些会影响剪刀运动的小石子和凸起物压进土里；其次，修剪可以掩盖那些碾压所造成的痕迹，这些难看的痕迹往往会留在草地上好几天。一般的修剪至少应该进行两次，从上到下，以确保在碾压留下的辙印边缘不留任何草茎。在干燥的天气里，早晨是最适合修剪草坪的时间，那时青草依然保留着露珠的湿润。如果这些建议被很好地执行的话，几乎就不需要清除杂草了。它们要不就会很快死去，要不就根本没有足够的时间长高到危害草坪的平坦。清除草坪上所有苔藓的想法也是不恰当的。许多苔藓会长在普通草坪无法生长的树荫底下，而且如果按照上述方法加以管护的话，它们会形成丝绒一样柔软的

[63]

[64]

[65]

[66]

[67]

绿毯，并呈现出不输于草坪的鲜亮色彩。我记得曾经有一次在怀特岛（Isle Wight）看到一大片苔藓铺展开来，是那样柔软，那样鲜绿，那样厚实，远远超过我在英国看到的所有草坪，我于是也尝试着在大树下种植出这样可爱的植物。

刚刚修剪过的草坪，往往只剩下干燥的草茎，需在耙过之后再用长而坚硬的扫帚来回清扫几次，以使其像地面一样整洁干净。草坪走起来远比任何石子路都要舒适，并且几乎不需要如现在常常在德国花园中看到的那些有着可笑边框的路牌或警告。你可以在上面尽情地玩上一整天球，而不必担心会踩坏它。在那些极度干旱的时节，我会用大型消防水枪和修建在靠近城堡的湖边泵站，通过几百英尺长的皮管为"娱乐场地"浇水。但我不能肯定这样做确实有效，并且因为花销太大，我已经停止这样做了。而且哪怕草坪在最炎热的 [68]那几个月里看起来的确已经完全干枯了，到了秋天，它们又会重新长回来。在极端干旱的季节，不管你浇多少水，烈日下的草坪还是会看起来一片焦枯。在这种情况下，最好停止修剪和碾压，直到炎热干旱不再持续。除了以上这种情况之外，修剪和碾压必须从草种初次萌发到开始降霜和下雪为止持续进行。这样的持续过程必然相当昂贵，因此在英国的许多地方形成了只修剪房屋正面的草坪和道路边缘的草坪这样的习惯，尤其是当主人不在家的时候。不幸的是，我得说缺乏持续的修剪，对草坪未来的厚度和质量将会是有害的。

对于那些巨大的花园，园主需要雇佣几个专门修剪草坪的工人*，并且最好让他们在早 [69]晨进行修剪，当最后一块草坪被剪好，马上就能从头开始再剪一遍。如果能保持这样做，那么整个园林就会显得维护良好。要一次性地在一两个早晨的时间里碾压、修剪和清扫这样面积巨大的土地，考虑到本地工人的迟缓节奏，就需要雇佣大量的工人，而且他们中只有少数人真正精于此道，其结果往往是难以预料或是相当差的。

我花费如此笔墨来讨论这些，是因为在德国没有比它更不受重视的问题了，事实上许多人根本就没有意识到它的存在。但是在我自己的园林里，我证明了如果处理得当，在德国我们也能拥有像英国的春、夏、秋季一样漂亮的草坪。冬季是英国草坪最漂亮的季节，但在德国恶劣的气候下，我们是做不到这一点的。要达到英国开阔草坪那样的浓密茂盛，特别是其上点缀的娇艳野花，对我们来说还是不太容易的。这不禁让我想起那些曾经见过 [70]的成功案例，鲜艳的红色、蓝色和黄色的剪影远远地为翠绿的草坪打上一抹似有若无的底色。

注：对那些充满好奇的人而言，我的首席园艺师所给出的关于如何播种一片草坪的说明会是相当有趣的，这里包含了许多我的园子里常用的、最经济的做法。具体如下：

"我有一片想要改造成草坪的土地，在它上面已经种植了一到两年的农作物，无需事先进行分类，我将它们挨个松了一遍土，随后有人会来施肥并照管它们。将土地按照对角线进行划分并且以这种方式进行整理，可以有效应对各种不规则的形状和不同田垄之间的间隔。我会对整块场地进行详细调查并确定土壤类型，几乎很难找到10摩根（Morgen，荷兰和南非等的地积单位，1摩根约合2.116英亩）以上的土壤类型单一的地块。之后，我

---

* 最好是能够尽可能让同一群工人一直从事同一种工作，用不了多久，他们就会干得更好，更快也更乐意。

[71]
会往沙质土中参入黏土和灰土，往较为黏重的土壤中加入沙、轻质的壤土和泥炭土与树皮混合成的肥料。接着，我会将整个地块再用铲子平整一遍，把所有突起的地方填实到空洞和沟壑处，以使得碾车能够更好地接触土壤。"

"如果天气情况允许，我找到的播种草种的最佳时节是8月甚至到9月。8月更佳。夏季播种的好处有：（1）因为在秋天我们拥有比春天更多的干燥天气，植物能够在冬天到来前很好地生长，并变得健壮；（2）秋季播种的草坪能够结出更多更好的种子；（3）我们能更好地平整和改良所选的土地，因为春天的耕种和其他更紧急的任务都已经完成，会有更多人手和牲畜可用。"

"由于本地工资不算太高，我会在7月时按照上述要求深翻并准备好所需土地，当雨季开始，土块还是半干，这样随后它们不会变得太黏，我会沿着长轴将场地用耙子犁一遍，然后通常马上播撒草种，草种是由以下几种混合而成：

[72]
英国黑麦草、法国黑麦草、鸭茅、牛尾草（meadow fescue）、绒线草、猫尾草（timothy grass）等分量混合，用量是0.5英担（hundredweight，重量单位，英国等于112磅，译者注）种子每马格德堡摩根（Magdeburger Morgen，1摩根约合2.116英亩）。通常情况下我所用的种子都并没有经过很细致的筛选（工作量太大），所以我使用上述两倍的量，甚至增加至三倍的量，并掺入一些沙土。猫尾草的种子很容易与其他种子相区别，因为它会更细小也更重一些，所以我会用10磅猫尾草种子配上1磅白三叶、1磅红三叶、1磅金三叶和1磅黄草木犀（yellow sweet clover），将所有这些较重的种子混合后播撒在已经播过较轻的混合种子的土地上。然后再对场地进行横向和纵向交叉耙翻和碾压。"

"次年夏天，当绝大多数草种都成熟的时候，我会拿小棍或耙子敲击草茎，以便让种子在被碾压之前落到地里。如果天气好的话，大部分被打下来或落下来的种子都能发芽，
[73]
在当年长成一片绿油油的草坪。这样的好运气有时好几年才会遇到一次。用不着播上三次种子，那将会是非常昂贵的，因为收割和脱粒草种非常费工，而且十分依赖好天气。"

瑞德[19]

第 7 章

大树的移栽、组合与种植

对于一处园林来说，首先需满足的当然是要有丰富而多样的植物。不论拥有形态多么优美的山峦和湖泊，如果没有植物的掩映，它们也仅仅是光秃秃的悬崖和毫无生机的死水，明媚的阳光和宽广的天空都无法替代成千上万的大树与灌木、令人愉悦的从深绿到浅绿的树丛和草地。如果足够幸运的话，我们会拥有祖辈留下来的高大的森林和孤植的古老橡树（oak）、山毛榉（beech）或椴树（linden）。这些巨树逃过了伐木工的板斧，傲然挺立于我们的北方气候之下。我们必须总是怀着敬畏和愉悦来欣赏大树，并且要用对待珍宝的态度来保护它们。几乎所有的东西都可以被用来创造财富与权力，但是一旦被穷苦的工人伐倒，就连克洛伊斯（Croesus，神话中的大富豪，译者注）或者亚历山大大帝（Alexander）用尽全力也都无法再造一株千年橡树。人类总是在破坏时表现出无畏与迅捷，但却在创造上表现得孱弱而无力。所以你，我亲爱的读者，当你怀着虔诚之心拥抱自然时，应该将每一棵老树都当作一个神圣的存在，甚至是在出于其他良好意图的需要，必须牺牲它们的时候。 [74]

总有些时候，哪怕是最美的树（相对它自身而言），其生长的地点或许会与场地的用途以及整个园林的和谐产生冲突，而不得不被牺牲掉，但这样的情况是非常少见的。不幸的是，以我的经验，一旦发生这种情况，很少有能够通过调整规划而保留下这样珍贵的大树的，规划的实施看起来是不可避免的。在这种情况下，必须尽可能慢一点，小心一些，在执行者的斧子砍下之前，做出最后的决定。一些人会认为我对此事的重视是可笑的，但真正与自然为友的人会理解我，并体会到我因为半打大树被毫不犹豫的"谋杀"而感到的良心上的痛楚。另一方面，我可以宽慰自己，我敢于在自己的花园里移栽了许多其他大树，从中我所获得的受益远远比损失要持久。 [75]

我们也不能否认可以通过移栽在一天之内就能得到几株大树，而不需要在100年前就种下上千棵树苗，这些树苗中损失掉一些并不算难以接受，如果它们的消失能换来日后成百倍于损失数量的凝视——那些后来成长为大树的树苗本来被遮掩在一片芜杂之中。我确信，虽然我的庄园没有那么幸运地拥有如此多的大树，我仍然可以通过移栽大约80株大树，来使得原有的那些树无论从哪个方向看去都仿佛至少增加了十倍以上。

有句俗话说："你不能将森林看成只是许多树生长在一起"（You cannot see the forest for the trees）。然而正如我曾经提到过的，和许多最伟大的艺术一样，在设计一座风景式园林时最困难的就是如何运用相对更少的要素，最大限度体现出它们的不同面向，以使得人们在每次欣赏同一景物时，都有不同的体会。或者它们至少能显示出超越原有特质的、令人感到新奇的效果。在附图II中所给出的两幅插图就是当树冠完全展开之后，成功移栽 [76]

至府邸前的20多株老椴树所展示出的效果。

　　还有另外一种解决途径，那就是把不那么入画的树移走，只要它们不是太大的话。亨利·斯图尔特爵士（H. Steuart）在其著作《种植者指南》（Planter's Guide）*一书中指出，哪怕是树龄很长的大树，只要满足特定的条件，都有较大可能性被成功移栽，当然需要一定的花费，但处理得当的话，三四年后它就能恢复原来的美丽与强健，并且不用截掉一根枝条。

[77]

　　移栽需要满足的条件有以下三点：（1）它必须长期长在开阔地带，以使其树皮能够变得更加坚硬，足以抵御寒冷的天气；（2）它必须拥有向四周均匀伸展的根系；（3）它必须拥有和树根相协调的，均匀分布的树冠，这能使树木在暴风中更加坚强挺立。在移栽过程中，最重要的就是要保证新的种植点在土壤方面满足移栽大树的特殊要求，新的种植点必须经过精心准备，并且尽可能提供比原种植处更加优良的土壤。此外，在春季或秋季移栽时，最好能尽量保留所有的枝条和根系。移栽过程需要一些专门的工具和诀窍，比如说用来运送树木的四轮马车等。我将不会在此讨论这些技术细节，请读者们参阅我在此提到的相关著作，它们在许多方面都非常有趣，而且具有启发性。作者自己（指H. Steuart）运用书中的方法，只花了4年时间就建成了一座风景式园林，任何人见到它的景象都会觉得已经至少有半个世纪的历史了。这似乎让英国的有钱人感到，哪怕是此种风格的园林，都不需花费长时间的耐心等待，几乎在挥手之间就能够看到他们的阿米达（Armida）20花园破土而出。就算如此，我们也不能做任何有损于我曾经提到的那棵古老巨树的事情。虽然我们是有可能利用巨型机械来移栽超过百年以上的大橡树的，并且极有可能会遇到独裁的主人，将树木运到遥远的地方栽植——不是仅仅从伯纳姆（Birnam，德国城市，译者注）拉到邓斯纳恩（Dunsinane）这样的距离，而是直到伦敦。21但在通常情况下，尤其是考虑到我们极其有限的时间窗口（对于英国来说，全年有6个月都适宜种植，而在德国我们顶多只有两个月，多数情况下仅仅只有一个月时间），可以移栽成活的最大的树木大小约为胸径4英尺，地上部分70英尺。并且哪怕是这样大的规格下，其成功移栽的可能性也很大；即使是在保障最佳树形效果的情况下，也比我们通常所认为的要可行得多。从前，他们在移植大树时会截掉大多数枝条和根系，只留下一根光秃秃的树干。而这些受尽折磨的大树将再也无法恢复往昔的美丽，其中一些顶多也只能在一大片树丛中显出点高度而已了。如果这些被截肢的大树孤植在开阔处，那么它会更像是对场地的玷污，而不是装饰。这是事实，并且我为之而骄傲——早在斯图尔特的经典著作问世以前，或者至少在我读到它以前，我就已经通过观察和经验得出和他相似的想法，并且尝试将它们建立在科学基础之上。像他一样，我也必须不断地和专业人士争论，并且就算是亲眼所见，他们仍会摇头，直到最终，几乎是在他们看到我的实践的同时，我为这些绅士们翻译的那些权威著作才能打消他们的疑虑。人们总是愿意追随

[78]

[79]

[80]

---

* 《种植者指南》，亨利·斯图尔特爵士，巴特，爱丁堡：约翰·穆瑞（John Murray），艾尔博马尔街，伦敦。这是一部极好的著作，但奇怪的是甚至在英国，也很少被人使用。他自己的庄园是《指南》的最好范例，对我的德国同胞来说，我怎么强烈推荐该书都不为过。

权威，我无法说服那些哪怕是最智慧的人，而非要等到第三个人出现，并给出同样的结论，才能消除这一障碍——这是多么普遍的情况啊。只有极少数的人选择相信他们自己的意见。

在我的庄园，我也曾经按照错误的老做法，在冬季移栽过一些树根被重重修剪成球状的大树。它们全部活了下来，但都没什么用了。但现在我能给出一些运用我自己的方法，在几年前移栽而获得成功的例子，其中一些大树高达80英尺，它们的树枝和根系都得到了完整保留，人们完全看不出它们原本并不是生长在现在这块土地上的。*

像这样的移栽仍然是非常昂贵的，并且对哪怕是很大的庄园，也仅仅只适用于一些重要的孤植点景大树。然而，也可以在其他一些小一点的树木移栽时运用同样的方法尽可能完整地保留树冠和根系，不管怎样都比按照以前的传统方式来处理保留得要多一些。在移栽大树时也应考虑其本来的生长地点，我常常看到园丁们将一棵老树从它所生长的浓密树林里移栽到一处开阔地带，这样做几乎注定会失败。由于长期处于阴影之中，且周围有其他植物的保护而形成的光滑的浅色树皮与细弱树干会背叛它，让它变成不适于独立生存的物种。反之，那些看起来最虬曲，甚至最"丑陋"的表面，那些被阳光和风雨强化后的树干，才是树木日后健康生存的保障。以上说法对于小树苗来说则不一定完全适用。但是一条重要的原则是，幼树需要与老树不同的处理方式，因为在它们的成长过程中，生命特质也会随着环境条件而改变。例如，一株4年生的小树会因为失去主根（taproot）而受损，但老树却不会。 [81]

任何时候，为了方便以及节省时间与金钱起见，我会挑选那些生长得不太紧密的大树并在它们根球部分结冰时进行移栽。但只会在开头几年暂时把它们和较年轻的植物种植在一起，以增添群落的高度和特色。一旦当小一些的树长到大树树冠高度，我就会砍掉它们，因为它们的使命已经完成了（虽然五株或六株这样的截根带土球的树木成组种植时，在一定距离上看还是很具体量，也很有吸引力的，但它们缺乏那种如画的特质，这使得它们不具有被长久保留的价值）。在不需使用斯图尔特的方法中所有资源的条件下，保护中等大小的树木需要一定的经验和品味。可以修剪掉部分枝条和根系，并保证它们仍能相互对应，避免在修剪时伤到树木，而是让它们保持美丽的自然形态，以便能较快恢复其自然优雅的外观。所有的园林栽植，包括上述措施，都应该向自然本身学习。上述案例中的树木，应该按照它们十年前的模样进行修剪，并且通过组合种植来改善其中某棵树的造型问题。 [82]

在决定要选用大树进行移植的时候，最好是能在建园之初就设立一所树木"幼儿园"，如果能有座树木"大学"就更棒了。实现这一设想的最佳途径是：在树林中找到一块中等年龄段的植物群落，树龄至多30年左右，这样树丛不会长得太密。然后修剪足够量的树冠，以保证树木相互之间不会重叠，再恰当地修剪以得到最佳的树冠形状。在离树干三到五英尺处围绕每棵树挖掘深沟，沟距树干的具体距离由树的大小决定，沟宽需在2英尺左 [83]

---

*　这些树被移栽的次年，就遭遇到20年来最强的暴风，它们在没有任何额外支撑的情况下存活下来，并未受损。

右，并且深度要能足以切断所有的根系。然后在沟里填上树叶或者粪肥和土壤。在进行过上述处理的场地，树木会很快生长出一个毛细根网络，并且会保持蜷曲，根系在很长时间内都只会限定在深沟划出的范围以内。三到四年以后，当这些树木从这样的"手术"中恢复过来，它们的枝条会愉快地向四周伸展，它们将不再需要额外的修剪，只需要便宜又简单地将它们冻好的根球挖出即可。

[84] 这样做最大的好处在于，经过处理的大树在以后的生长中会更加具有抗性。因为它已经被人工激发出所有的"保护潜能"（protecting properties）（斯图尔特这样称呼它），而在自然环境中不会达到如此程度。有些植物，像大多数种类的金合欢（acacias）、北美皂荚（honey locust）、伦巴第（Lombardy，意大利省份，译者注）和加拿大杨等，生性强健，对环境要求不高，所以能节省时间和金钱方面的养护成本，这对园主来说是非常重要的考量。另一个不能忽视的细节是，大一些的树在移栽时种植深度不能超过原来的场地；相反，应该适当栽浅一些。但是这样做时，在最初的一年，不要忘记给树干原本被埋入土里的部分培上一层松软的泥土，如果任由它们裸露在外，很容易造成树木受冻和死亡。我就曾经因为忽略了这一点而损失过一些珍贵的树木，只有对那些生长在郁闭环境中的树木，才需要在移栽后头一年用苔藓包裹整个树干。

[85] 直接挖掘和冷冻根球进行移栽，在我看来只能作为紧急情况下的应对措施，从事该项工作的最佳时间可选择春季开始前最后一个寒冷日子。隆冬的严寒天气，容易造成树枝和根系严重受损。我曾经在栗树（chestnut）身上观察到这种情况，在不做提前处理的情况下移栽，会经不起任何的修剪，但运用斯图尔特的方法处理后却可以很快恢复过来。人们通常认为树木需要完全按照原有场地的朝向进行移栽种植，其实这种说法是错误的。实际上斯图尔特推荐的正好相反，由于任何树木都具有向光生长的特性，所以或多或少都会有些偏冠。通过移栽来调整种植方向，以使得原先偏冠的地方接受更多的阳光照射，可以使整株树木获得更好更平衡的形态。我自己的经验也验证了这一点，我从未因此而遇到过任何问题。

[86] 对树木移栽来说，更为重要的是选择适合的土壤；或者在自然条件不充分时，通过人工手段来进行改良；绝不要把树木种植在比原有场地低劣的土壤中。荒唐的是，大部分的种植者都多么忽视这一点啊，他们只因一时兴起而决定树木种植的位置，根本不知道每一棵树最适合什么样的土质，并且没有表现出一丝要慎重考虑这一点的样子。最普通的农民都清楚知道要如何照料好他的作物，并且在日常劳作中细心观察；而我们的种植者则仅仅只能在重黏土和沙子之中区分出哪种是"好的土壤"。我的讨论将仅限于上述范围，因为更进一步的说明会超出本书既定的写作范围。如果有泥炭土、沙土、黏土和一些粪肥、秸秆堆肥，并且可以便宜地买到石灰，那么按照适当的成分和比例混合这些材料（任何一种作为材料的土壤都是没有经过特殊施肥的），就基本能够在适当的费用范围内种植适合于本地气候的任何树木了。当然，前提是场地不是完全被粗糙的砾石或者不透水的黏土这样无论用任何办法都无法改良的土壤所覆盖。另外，那些非要将椴树种在重黏土里，将栗树种在泥灰质土壤（marly soil）里，将山毛榉（beech）种在泥炭土里，将法国梧桐（plane

[87] tree）种在细砂里的人，当他发现自己种出的不是树，而只是一些"跛子"时，也只能责

怪自己的糊涂。

　　关于如何移栽单株的树木已经讲得够多了。现在，我要来讲讲树群组织的艺术。

　　精心选点并完美布局过的树群，时而像绿海中的座座孤岛，时而又仿佛是隔着遥远距离相互握手，又或者在脚下阳光普照的山谷投下长长的影子，必将使得园林看起来更加迷人，它们那如画的效果要大大超过所谓的"树丛"（clumps）——名如其实，那些树丛往往稠密浓重而又古板僵硬。然而，对于那些有耐心培育树群的人，最可行的办法就是先种植这样的"树丛"，因为有了"树丛"的保护，树木会长得更快更好，十年后便能通过疏伐和修剪来形成树群的效果。相比按照设计，一株株地种植而成的树群，这样做可以更容易地使得树木的组合获得接近自然的效果，而非人为经营所得。需要注意的是，组合树木时应避免形成过于刻意的圆圈，或是组与组之间相隔太远，以及树木之间过于等距。此外，仅仅是将单株树木从一个树群移栽到另一个树群，或者用一丛舒展的灌木或石楠打破单调的树干序列，都将提升树群的整体视觉效果。一些园林作家不屑于在草坪上种植单株灌木的做法，我则对此持保留意见。当草坪长得很高时，灌木的效果的确会受到影响。但考虑到许多草坪只是作为牧场，尤其是在修剪区域，高草只会在少数几个月出现，剩下的时间里草坪都短得足以清晰地衬托出充满活力的灌木丛。有时一些树木必须种植得相当紧密，甚至是共用同一树穴，或者如同叉子一样，五六株种成一行；但绝不能种成圆圈状，否则看起来就会和规则的行道树一样单调无趣。附图三（plate III）中图a和图b展示了两个同等数量树木组成的树群平面，一张组织得较差，另一张较好；图c展示了一个更人工化的树群组合平面，图d则要更加自然一些。 [88] [89]

　　就像前述提到的那样，孤植树能投下美丽的阴影，因而要比树群更适宜种植在斜坡上。在平地上，则不适合种植过于孤立的树木，大多数情况下还是成组种植更好。但是，得尽可能保证树群看起来时而宽阔、时而狭窄、时而浑圆、时而扁长；伸展的树群，总体上应该展示出一幅连续、流畅、不被打断的画面。将两种完全不同的树种植在一个树穴里，时常能创造出非常不错的效果，比如桦树（birch）和桤木（alder）、柳树（willow）和橡树（在我的"娱乐场地"上就有一处相当如画的范例）。或者让一株树木往一定角度倾斜生长，形成临水的弧度。想要很好地实现这些小心思，我们只需要在自然中寻找适当的案例学习即可。所以，我建议孤植树都稍微栽高一点，因为隆起的基部覆土会使得树木获得更好的树姿。从种子开始培育的实生苗也应该栽植在相似的高度。

　　在种植树群时，可以用剪下的树枝或树干插进土里做成模型，来判断未来的效果。我建议你在具有了足以支撑正确感觉的经验和能够把控全局的对未来的想象力的时候再这样做。你不能要求所有的景物从任何角度看过去都是美的，这是不可能的，所以，你应该从几个重要的视点来进行考虑，然后通过合理组织道路及小径，使游客远离景色不佳的视角。 [90]

　　通常情况下，我会按照以下程序种植大量高密度的幼年植株。首先，需将特定区域的土壤进行至少2英尺的深翻，哪怕那里的土壤只是最轻质的沙土。我不会在没有完成这一步的情况下进行下面的工作。这样的深翻所产生的化学作用以及因此而增加的土壤吸收能力常常令人惊讶。我曾经在一处仅有粗粝沙土的干旱山坡上挖了一条深达4英尺的阡沟，

[91]　大多数人也许认为只有桦树和松树才能适宜这样的环境，但我却栽上了最珍贵的橡树、枫树（maple）、椴树和云杉，它们的活力在其后的12年里都没有丝毫减损，所以没有任何理由去怀疑植物顽强的生命力。*只有在因坡度过于陡峭而无法挖掘这样的深沟时，我才会采用所谓的"造林式"种植法，挖掘一个个独立的小坑进行种植，我只在万不得已时才会采用这种方法。

　　在经济能够承受的情况下，我都会尽量改良种植地的土壤，如果条件不允许，那么我将只会选择最适合该地土壤的树木进行种植。并且，我会在选择的区域施以粪肥，然后种上一年土豆。

[92]　我更倾向于尽可能地密植。这是因为：首先，所有植物都会长得更好；其次，我可以将之作为未来种植所需的储备苗圃，通过每年将一部分树木移出，应用在适合的地方，在一个更长的时间段里使用好每一株植物。我会按照土壤情况，选择一些较高的速生树，比如杨树、桤木、金合欢等，种植在园中各处，以使得整个园林在建园之初就能呈现出一定的完成度。但是随后，我会将它们修剪到下木层的高度，让位于橡树、椴树、山毛榉和栗树等其他一些更加优良的品种。我认为使用那些太小或太年幼的树木来作为主景是不现实的。一部分是为了植物自身考虑，另一部分是为了不浪费时间。所以在设计主景时，我从来不用低于五到六英尺高的树。同样的，我只会用那些枝叶浓密茂盛的灌木，苗圃及供货库存能保障供应数量。毋庸赘言，一座巨大的庄园，需要广阔的苗圃以供选择，或者至少在邻近地区拥有这样的苗木资源。**

[93]　我感激这个简单的方法，它使许多人都认为我的种植设计堪称典范，因为尽管那些植物只是栽植了两到三年，但看上去却像已经经过了十到十五年的生长，而且它们在相当长的时间内都成了我最好的苗圃。

　　我只在建园之初的两到三年内，对庄园内部的种植进行除草和耙整，但过后就不再这么做了，以保护植物靠近地表的根系不受损害，并且节省开支。在此之后，就全由它们自己了，我只是通过上述提到的方法，靠部分移栽，部分修剪它们至灌木高度来保持树群的稀疏。随着时间的流逝，这样的树群可以很容易地修剪成任何你想要的样子：既可以是密不透风的灌丛；也可以是直立向上、茂密细高的树林，树木伸展出顶端的树冠，并且允许长而深远的视线进入树林内部；或是形成一处小草坪周围浓密的枝叶背景，当树叶落下时会形成美丽的波浪似的纹样；还可以成为所有这些不同效果的集合。

[94]　在我的庄园里，我基本上只用本土的或完全驯化了的乔木和灌木，坚决避免使用非本土的观赏植物。就算是在最理想的自然状态下，也仍然需要展现庄园所在地独特的土地与气候特征，以使得植物能依靠自身生长，而不显露出人工设计的痕迹。在德国，我们有

---

*　如果某处只有一英尺厚的表土，土层下只有沙子，那么最好不要挖太深的沟，以保证幼树的根系能从表土中吸收到养分。

**　我无法不一再提及位于波茨坦（Potsdam）的巨大的国家苗圃，并且对它的创始造园主管林奈先生（Lenné，德国著名造园家，译者注）在造园学［gardening science "Gärtnerei"］的这一分支所做的每一件事和付出的无尽精力所取得的丰硕成果，致以最诚挚的祝贺。

许多土生土长的美丽花灌木，它们可以被广泛地应用。然而，在我们的自然环境中种植一株西洋玫瑰（cabbage rose）、一棵什锦丁香（Chinese lilac），或者成丛的上述灌木，则会显得突兀而且相当别扭。除非是在特殊的独立区域，比如一座小别墅外有着篱笆的花园，它本身就象征和展示着人类双手的耕作。我们也可以将雪松（white pine）、金合欢、落叶松（larch）、悬铃木（plane）、北美皂荚、红假山毛榉（red beech）等外来树种看作本土植物，但我仍然更愿意使用椴树、橡树、枫树、山毛榉、桤木、榆树（elm）、栗树、灰树（ash，一种白蜡树，译者注）、桦树等本土树种。一段时间以后，我会移走大部分的杨树，因为它们的叶片太容易飘落，而且暗淡的色彩显得有些悲凉；虽然它们迅速的生长会对园林始创阶段非常有益。然而，它们的其他优点也是值得肯定的，比如成片种植的银叶杨（silver poplar）能为任何暗色背景林带来令人愉悦的对比；年老的加拿大杨会在低处的灌木上方形成美丽的拱顶，并且能使任何山坡都显得更加巍峨。但对于庄园里的意大利杨来说，则最好是全部移除。尽管在"娱乐场地"上种植大片高密度的意大利杨有时也能引人注目；但孤植时，它们会显得过于呆板和人工化；尤其是作为行道树时，简直可以说是惨不忍睹。

[95]

　　总体说来，我会尽量进行大量的栽植，并且保证每一块产地都有一种优势树种，该树种必须最适于当地土壤。当然，我也不会在一个区域内只种植一种树。虽然这种做法在许多德国园林中备受推崇。在那些园子里，人们会将不同种类的树木完全分开种植，不管是常绿树还是落叶树，是成组种植还是连绵成片；就好像在担心会有危险的霍乱病毒从一种植物传染到另一种一样。这样的种植方式本来是希望创造一种宏伟的、较少色彩变化的效果；但是在我看来，结果正相反。最后的效果就好像是给整座庄园穿上了一件花纹斑驳的小丑外套（harlequin's jacket），完全无视自然规律。大自然在安排植物时，哪怕在一座庄园这样相对有限的空间内，也会根据当地气候和温度播种上千种乔木和灌木，并且按照多种方式进行混合。这儿一组，那儿一丛，同种植物会以自然的方式出现，而在造园中始终将植物分开种植是我最为反对的。没有什么比一片生机勃勃的年轻混交林在阳光下显示出的丰富色彩更加美丽或者更符合原生的自然环境了。反之，也没有什么比这样一座庄园更让人觉得沉闷乏味了：游人走过一丛云杉，然后紧接着是一长条落叶松，接着是一小块桦树林，一组杨树或橡树，大概这样走了1000步，前面的种植又开始重复一轮。然而，对于更大尺度上的由老树组成的森林来说，则完全是另一回事。在人类世界里，占统治地位的族群往往最终将压倒所有其他较弱的族群。但哪怕是在有着肥沃土壤，并且完全自然的环境条件下，我们也会看到冷杉与橡树共同存在于一片森林；桦树和桤木、山毛榉和椴树、石楠和其他硬木能够很好地生长在一起。以上例子让我总是禁不住要提起卓越的造园师雷普顿先生曾经说过的：在种下一棵树时一定不要忘了同时种植一株荆棘作为保护。即使我们不能只按照字面意思来理解这句话，实际上也没有什么比提供保护的同时兼顾观赏性更加实用的了。

[96]

[97]

　　我也用不着再强调对所有开花和结果的植物，像野生果树、荆棘、野蔷薇（hips）、芍药（peony）、欧洲花楸（rowan tree）、越橘（lingonberry）、紫丁香（mountain lilac）等等，应该种植在视觉焦点，尽量靠近植物群落的边缘，但同时也应该种植大量成片的上述

[98]

植物，防止太过刻意地表现出这样的意图。并且要避免像大多数德国造园者一样，将最高的树木种植在群落中心，几行灌木不出意外地种植在边缘。而是应该在群落的边缘种植一些分支点较高的树木以打破单调的边界；尤其是在路缘或者当背景是远处一些枝叶浓密的大树时。在空间允许的情况下，草坪也应该被孤植的大树或灌木所打破，以再现那不经意之间流露出的美。此处，自然仍是不可企及的女神。"娱乐场地"的植物配置也须尽可能丰富多样，不仅是在植物种类的选择上，而且在组合形式与位置经营上都需要多样性，以下我将进一步说明。在此无须总是把较高的植物种在中间，两边植物高度逐渐降低，大小向边缘递减。事实上，相反的情况看起来会更加自然：一株大树突然出现在林缘处的灌丛之上，成为蓝天背景下起伏变化的绿色轮廓线，这会更显画意。哪怕是在一个较小的场

[99]

地，为了丰富变化，这样连续的中间高两边低的半圆形轮廓线也只能间或出现。附图IV表现的是几种我们常用的错误做法，图a和图b是沿路的树林种植，图c和图d是草坪上的灌木种植。

　　进行种植时应该在多大程度上依赖事先设计好的有着阴影和色彩变化的平面图呢？我对此也无法妄下断言。但依我的经验而言，这种做法有它的问题。当我深入到更多的细部处理，它很少能达成极佳的效果，至少对我来说是这样。另一方面，那些无法被描述的混合种植常常出于偶然，最终大自然才拥有最让人无法预料的魅力。而事实上，对那些被称为"我的艺术杰作"——为我赢得极大赞誉的种植，实际上我所做的，就像是那些不知道做对了什么而治愈了疑难杂症的无知医生。所以我承认对此我没什么发言权，并且因此而常常选择一条更加轻松的折中路线。此外，需要特别注意的是，由于土壤情况不同——考虑到场地尺度如此之大，土壤不会完全按照我们设想的来分布——那些非常适合该地土壤的树木会长得很好，以至于枝叶的效果会与预想的大为不同。例如，在需要一棵浓荫匝地的枫树之处，它却令人吃惊地长得枝叶稀疏。另一方面，不管是在外围的自然式园林还是

[100]

在"娱乐场地"，都有充分的理由避免过于艳丽或者变化太繁复的混合种植，比如暗色调的针叶树和浅绿色的其他树木，齐整叶缘的阔叶树与羽状叶形的树木；并且与其他难以给出确切规则之处一样，主人的品位将是最重要的指导。

　　所有种植中最困难的地方莫过于确定群落外部的线形，也就是要设计出一个富有吸引力的自然轮廓。*英国有一些森林式种植的极佳案例，我诚挚推荐达恩利勋爵（Lord Darnley）在科巴姆（Cobham）的庄园，它是如此完美，值得引荐给每一位外国人来学习。对于"游戏场地"而言，著名的建筑师纳什先生（Mr. Nash）[22]最近给出了在我看来唯一的正确方法，并且以白金汉宫（Buckingham House）花园作为一处重要的实践案例。

[101]

这座宫殿和弗吉尼亚湖（Virginia Water）一样，是国王的新宫。此外，我认为温莎堡以及同样位于弗吉尼亚湖的新花园也是英国最壮观的庄园。它的辽阔以及多样使它成为一座真

---

* 一般来说，可以用将短木棍间隔较近距离插入土里的方法来设计树群的外轮廓。但有一个更好的办法来判断群落的形态，那就是用麻绳将树棍连起来从而形成一个群落模型，再按照绳子的轨迹在地上划出一条浅沟。这样就能马上看出种植将形成什么效果，并能很快地改正错误之处，画家在帆布上用四分仪画草图时也使用同样的方法。

正的宏伟、卓越的园林。由于前任国王的慷慨与显赫，这座城堡以及它的花园足以成为世界上最有权势的帝王的"御座"。多么遗憾啊，要到达乔治四世（George IV）的寝宫这样最美的地方，需要经过无尽的艰难。以现任统治者的开明，应该会毫不犹豫地改变这种情况。尊贵的国王陛下（指乔治四世，译者注）对外来者的目光过于羞涩，以至于在许多地方，为了防止哪怕是极少数情况下不小心的一瞥，都会在围绕整座庄园的木围墙后煞费苦心地钉上第二列木板，某些地方甚至增加到三层。没有与国王的过人私交，也没有特殊的通行证件，或者想用漫不经心的谎言混进弗吉尼亚湖看看的人，都将无法进入这一神圣的处所。对于一个园林爱好者，这将是极度令人遗憾的，因为国王殿下不仅是全国第一的绅士，就像他的仰慕者所说的那样，他还是英国最具品味的园林艺术家（"Landschafts-Verschönerer"）。

[102]

毋庸置疑的是，适宜的气候给了英国人以非比寻常的优势，让几乎所有的常绿树都能安全越冬，像是杜鹃（rhododendron）、月桂樱（cherry laurel）、葡萄牙月桂（Portuguese laurel），以及所有的冬青属（ilex）、杨梅属（arbutus）、荚蒾属（viburnum）、黄杨属（buxus）、瑞香属（daphne）、月桂属（laureola）等。这些植物很快使他们的灌木种植拥有了丰富的物种、美丽的花朵和最具魅力的四季变化的阴影。

在大多数地方还使用着传统的种植方式，甚至是一些最著名的园林，像奇西克（Chiswick，英国地名，译者注）和其他一些地方，仍然会在草坪上或其外围种植椭圆形或圆形的灌木丛；道路和小径两侧则种成不规则的波浪形。这些种植往往有修剪得相当整齐的边缘，以此和草坪分开，其后是从黑暗处抬升起的种植床，它们被精心耙整过，种植上互不相连的灌木，每年都进行严格修剪，以使每一株都不会碰到别株。一些花卉被种植在灌木之间，为种植带来更丰富的色彩。但结果仍然如人们看到的，裸露的暗色土地与绿色植物一样多。并且总的来说，拘谨规则和自由变化之间的对比仍然给人一种不稳定的感觉。纳什先生从很早就停止了这种做法，他将灌木更密集成片地种植在一起，偶尔用草坪来打破灌丛，形成深远的小径，直到它消失在视线远处；或是将草坪沿着灌丛的边缘，或远或近地布置，并避免将草坪一直修剪到灌丛边缘深处。他也在草地上种植了许多孤植树与灌木，来打破单调的轮廓，使得无论从任何方向上看去景色都更加自然、放松。这些灌木不用精心打理或者过度修剪来帮助其生长，它们很快就能形成一片密集的绿毯，枝条优雅地垂向草坪，而没有任何被人工控制而形成的清晰轮廓，就和草地边缘自然生长的那些灌丛一样。

[103]

[104]

当然，这样的种植形式无须使用一般的花卉材料，因为那需要经常性的除草。但是，除了繁茂鲜艳的杜鹃和品种丰富的月季之外，英国的气候也孕育出大量的多年生木本灌木，它们同样可以展现出繁花似锦的效果，而没有必要去借助于草花。这些木本花卉常见于数量众多的花卉园，在那里更加规则式的种植会带来最佳效果。对此附图IV提供了进一步的清楚说明，草图e展示了旧式的林缘种植，草图f则展示了纳什先生原则指导下的种植。

在我们的气候条件和较差的土壤肥力下，即使是那些最常见的月季品种也会受到冻害或全部死亡。我们不得不采取一条折中的路线，因为要达到适当的装饰效果，不能不用到花卉或者草本植物。所以经过多年的研究，虽然我大致沿用了纳什先生的做法，但是在我自己的灌木种植区域，我还是在不同地方留出一些节点用来种植花卉。这些场地在早春

[105]

或许会看来有些荒芜，但是在夏季和秋季（我们最适宜乡村生活的季节。对英格兰来说则是冬季）却会被色彩斑斓的鲜花所填满。但在真正的花卉园，以观赏为目的的极度人工化是必要的，而且规则的形式并非不合时宜，我会坚持前面提到的老做法，甚至是在灌木种植中；但会保持在合理程度。然而，我依然会尽可能尝试用鲜花来覆盖所有裸露的土地。

我通常会将花卉植床设计成肯定而清晰的形状，并围上篱笆，但有时我也会选用铁艺栏杆或是用细绳绑在一起的木质夹板，又或者是烧制成叶片形状的陶砖等其他一些设计。而有时，我会简单地将柳条编织在一起形成拱形，在上面攀上开花藤本之类的植物。星形或是玫瑰花形的种植床，边缘饰以黄杨（boxwood）；大型的花瓶；有着十字交叉形砾石小径的法式花坛；有了这些恰当的围合，优雅的植物会更显亭亭玉立，所有的一切都将井井有条。

[106]

从前述可以看出纳什先生真正的创新——那些原则也同样适用于"娱乐场地"的种植，就像曾经提到过的，它是外围园林和花园之间的过渡空间。对于野生树林和灌丛来说这是一个规律：真正美丽的植物群落轮廓线应该具有渐次的变化；明显的突起和凹陷；接近于平直的直线，须被不时出现在前景的孤植树或灌木所软化，但绝不能出现所谓的"理想的波浪线"这种最不自然的线形，它会破坏任何深浅不均的阴影。而这些自然变化的阴影正是风景画作之美的奥秘所在。这样的波浪形种植，从前面看会形成一条直线，而从侧面看则会显得毫无特色，只是令人厌恶的一前一后的蜿蜒。而较小的转弯则通常不会有什

[107]

么坏处，并且随着时间的推移，植物的自然生长会使这些尖角变得圆滑。

当起初的几年过去，并且经历过必须的除草及养护过程，我将修剪位于灌木之间、种植边缘裸露区域的草地，以使得所有混乱分割的痕迹完全消失。这样做将使位于树林和草坪之间过渡地带的植物生长得更自然更茂盛。

当道路从植物中间穿过，我要么会沿路紧密种植；要么会按照上述做法，创造一个自然的草坪边界，比如一条渐渐消失在灌丛中的小路。只有在花卉园中，我才会允许一条等宽的规则边界延着花坛边缘展开，哪怕是在这样的情况下，也会间或被黄杨和紫罗兰（violet）所打断。通常应该避免在靠近小路旁种植针叶树，因为需要除掉靠近地面的枝条，那会使得它们丧失大部分的美，而且草坪也无法长在针叶树下。但是如果能够种植在足够远处，以使得它们的枝条能够自由伸展，它们往往能为风景增色。也有特殊情况，允许我再次提醒，并且以此反对那些胆小的迂腐："没有不存在例外的规则（nulla regula sine exceptione）。"[23]但是，要处理特殊情况，需要比平常更加丰富的知识。通常情况下那也许

[108]

不是一个好主意，因此而招致许多人的批评也属正常；就像尝试在已经成型且树龄较老的群落里加入更年幼的植物。但它有时却是必须的。在这种情况下，一些较老的树需要被移走，然后加入成年大小的树木，以楔形组合插入到原有群落中，并种在较老的树前。这种种法会很快消融掉新老植株之间的明显界限。与此相同，群落边缘处孤植的大树需要拥有一定的空间，并且环绕以幼小的植物，以让那些碍眼且过于随意的分界线迅速消失掉。

请允许我再增加几条关于灌木种植的注意事项，其中包括开花灌木、多年生的草本植物和花卉：

1. 比起种植过多的单株植物，最好是（但不总是）能将同种规格相同品种的灌木或花卉成片种植在一起。

2. 完全覆盖坡地的成片种植将会获得让人十分满意的效果，同时注意将它们与其他高些的灌木进行自然混合，以使它们看起来不至于与周边格格不入，也不会太过于刻意。

3. 把不同种类的植物种植在一起时，其成熟阶段的高度或多或少会受到种植时植株大小的影响。例如，不要将从苗圃中移来的一英尺高的白丁香苗种在已经成年的四英尺高的花叶丁香（Persian lilac）前，因为过不了多久，它们的高差就会反过来，诸如此类都应避免。

[109]

如果将年老与年幼的植物种植在一起，不管以何种方式，它们最终将会长到自然环境下的成年大小，但是在很多情况下，这样做可能会带来始料未及的、令人迷惑的影响。进一步的解释请参考文后花境平面图[24]，该图展示了一处在早春及夏季开花的多种灌木的混合种植。

这一模式完全可以变化无穷，只需准备一打左右这样的搭配就足够了。这样做不仅出于简便考虑，同时也是为了保证效果。可以在"娱乐场地"大胆地重复使用它们或者部分重复使用。我可以担保没人会留意到这里仅仅使用了十二种不同的组合方式，相反，用这样的方式种植出的园林其丰富程度看起来要远远好于随意混搭的植物种植，哪怕它们使用了更多的植物种类。你也可以采用24种组合而不是12种，只要你能保证有条不紊地进行。因为不付出这样的艰辛，任何艺术都难以获得成功。

[110]

我在此给出的案例都特意保持了简单，只需要最常见最易得的植物品种，并且不会限制读者自己的品位仅停留在某一方向。这也为希望将她们的刺绣图案变成富有生命的花园的女士们提供了场所，并且能给她们天生敏锐的色彩感提供用武之地。

最后是一些针对行道树的建议：

我不会因为它们过于规则的形式而抱怨，虽然在它们长到成年大小之前很少有看起来不错的情况。它们仍然因为一些理由而值得推荐：例如，作为一条乡村道路的边界，或者作为通往宏伟宫殿的林荫大道等。这儿需要注意以下三件事：（1）它们（指行道树，译者注）应该尽可能保持宽大的冠幅，并且直线型道路不能过长；（2）应该在尽可能的条件下，种植双排行道树以保持其密度，但随后就需要进行逐年疏伐，以确保树木有足够的生长空间来长到成年树形；（3）用作行道树的树木应该具有鲜明的树形，浓密的树荫和较长的寿命。在德国，沙土中可以用榆树和橡树；椴树、栗树和枫树可以用在较为肥沃的土壤环境里；保留地则可以用金合欢树。在种植行道树时，将更多的钱用于在初始阶段改良土壤以使其适于种植更优良的树种，要比直接选用杨树或桦树更为明智。这些植物当然可以在任何条件下生长，但是无法达到行道树所需的美丽效果，并且寿命不长。我在自己的庄园里做沿路种植时，采用了一种迄今为止还没有被使用过的方法［我第一次见到这种方法是在切尔腾纳姆（Cheltenham，英格兰西南部城市，译者注）］。我期待能得到出色的效果，尤其是在我大部分是沙土的庄园土地上。我在道路两侧根据地形犁出或宽或窄的土沟。英

[111]

[112]

式做法只在极少数需要的情况下才会在道路两侧都放坡，并铺设地下排水系统；大多数情况下只是在道路一侧或两侧设立排水明沟。我在这些土沟里密密地栽上树苗，将它们当成是森林，但我间或在一些地方种上较高的独立树丛，用来形成灌木丛上方一种不规则的、连续的行道树。如果邻近的地产不是我的，那么我会延续较高的树群种植，不种中下层植物，只是形成一条窄窄的沿路绿带。（附图IV中g图会立即澄清这一做法）作为一种规则，较矮的树木被作为林下植物并且每隔六到十年修剪一次，较大的树木则无需限制，可以自由生长。这样从道路上看去，哪怕是有些稀疏的树丛，也很快就会更加招人喜爱。随后，

[113]
其他一些不同的措施，比如让高一点的树丛长得更高、修剪孤植的老树、保持对其他植物的修剪等可以形成各种不同的效果。任何不入画的或者毫无价值的风景最终都可以根据需要被遮挡或隐藏在令人愉悦的，浓密的绿树之后。如果有任何大树死去或者出现问题，简单的解决办法就是让它附近年轻些的树木长得更高。在这种情况下，只要能在场地上生长良好，哪种树木都行。这样的措施将会首先防止任何不美观的空档出现，而这种不规则的

[114]
行道树种植能使最贫瘠的荒地或松林变得生机勃勃，并且会很容易地与周边环境融为一体。如果我的灾星不幸将我引到这样一条小道，在那里成行的杨树排列得好像阅兵场上的士兵，或许与黑松种植在一起；它们让哪怕只有最基本的审美感知的人感到绝望。我将只能紧闭双目，强迫自己睡去来逃避这样无望的凄凉。

第 8 章

·◆·

道路与小径

　　对道路和小径的首要要求，是它们必须尽可能地坚固和干燥。如果我是为英国读者而写作本书，这一节可以完全省略，因为他们建造道路的艺术已经尽善尽美。而在德国，我们离这样的赞美还有较大的差距，所以我不认为在此增加一些该方面的技术说明作为本章的结尾是多余的。好的道路和小径毋庸置疑将是所费不菲的（就像我常常听说那样）。这就是在英国的风景式园林中它们如此稀少，并且少有能环绕整个庄园的道路的原因。而这也是为什么那些穿过"娱乐场地"通往其外风景式园林的小径会在抵达围绕它的铁栅栏时戛然而止，游人不得不从此开始在潮湿且长满牧草的场地中费力地寻找一条路径，并穿过那些令人不快的四蹄动物的原因了。至于道路的质量，考虑到两国货币的不同价值，我们 [115] 仍然可以采取一种不同于英国的方式，来用更少的花费实现更具多样性的，也更令人满意的效果。归根结底，一座只能一遍又一遍地从几个有利视点呈现给我相同景色的园林有什么用呢？并且哪里都找不到那只"无形的手"，能够带领我走向最美丽的地方，跟随我自己的心意和步调去认识和理解它的全部——这其实就是道路和小径功能。我们一方面要避免设置过多的道路，另一方面过少的道路则更加有害。人行游径和车行道路是游人沉默的导游，它的工作是让人们能够轻松自然地发现庄园里每一处美景。唯一要避免的就是让人同时看到太多条道路，这个问题很容易通过调整道路布局和合理的种植来解决。我此处说的"过多"是站在英国人的角度上，在那里上千摩根的土地上也许仅仅只有一两条主要的 [116] 大道，而在我们过于程式化的花园里有着相反的系统，在这里常常会有两三条平行的林荫大道提供相同的视线，导向相同的地点，这同样是极其可怕的。

　　诚如前文所言，小径和道路应该采用轻松而便利的转弯形式，根据场地的特质和需要来蜿蜒，而不应像缠绕在树枝上的蛇那样，不断地弯曲扭转。这些弯曲和转折需要参考一定的绘画规则与品位，并且因此需要间或地在所需之处"创造"一些"障碍物"，以最自然最具魅力的方式，实现最优越的线形。因此，当人们从一个稍远的视点同时能看到一条路的两个拐弯时会感觉不太好。如果这是无法避免的，那么至少要在更长更平缓的大拐弯之前设计一个相对突然的小一些的转弯。前一个转弯需要看上去更具诱导性，可以通过在靠近弯道内侧种植孤植树或者其他植物，或者设计一个人工立面，来引导人们自然地沿弧而行，而不是直接穿越。参见附图V中图a、图b、图c和图d。如果没有障景，或设计障景 [117] 会显得不自然；你们不管距离有多远，道路都可以笔直走，或者只采取很小的弧度。但是那些有障景的地方，应奉行所谓的"美丽的线条"（line of beauty）原则，道路则应该先直奔障景然后再转弯，而不是在离障景很远的地方就开始转向。较急的转弯更加入画，尤其是当道路远远看去，转了一个急弯，消失于黑暗的丛林深处。应在尽可能的情况下，避免游人看到与所在道路平行、方向相同的另一条道路；除非该区域存在明显的方向性，比如一座山谷或一条峡谷。如果缺少了这样的天然分隔，同一平面上两条平行的道路相邻会显得多余，真正的聪明人总是会在体会到整体的优越之处前，明白哪怕最小细节的用处，不论它看起来是多么令人愉快。

[118] 在一个开敞空间里，你需要时刻注意的是，道路和小径的布置会影响草地和植丛的形状。哪怕只是一段很短的小径，也能完全破坏一整片开阔草地的效果。我将举一个让我初次注意到这一原则的例子。在我的庄园里有一座小山，它直插入一片开阔的草地，几乎将其等分为二。一条溪流环绕着整个草地，道路沿溪而行。具体情形参见附图V中图e。图中清晰可见的山脊线（用阴影标明）是该区域最显著的地貌特征，它和其下的两片草地一起被自然严格地界定；从山顶的一座建筑望去可以一览无余。另一条道路从更高处通向山顶建筑，为了方便联系，我需要铺设一条步道将两条道路联接起来，并左转最终通向府邸。一开始我用虚线在图e上绘出道路线形，保持最小的上行坡度（按照规则，这是最佳的选择），我尝试过不下10种不同线形，但没有一种使我满意，每一种都似乎破坏了草地

[119] 的和谐，直到最后，我终于意识到，由于突出的山坡自然地将景致分成了近乎对称的两片草地，打破这一绿色空间的步道也应该顺着同样的方向，以不破坏和谐——或者换句话说，整体上的平衡。这种无法被定义的、隐藏的对称，并不自相矛盾。相反的，对于任何一座像这样开敞庄园的美丽景色，它都是必须的。我按照以上的原则所进行的调整，迅速解决了道路布局带来的全部问题。看懂我所给出的图纸需要对这个问题有一定的实践经验；但对于解决场地问题而言，遵循这一原则所带来的益处将会是十分明显的。

车行道的布置需要保证庄园内所有主要特色和最值得一睹的景物都能被连接起来，但同时也要保证能开回到宅邸的路上，同样的景致不会被看到两次，或者至少不是从同一角度被看到。这个问题常常很难解决，但我或许可以说我已经设计出了一个好范例，虽然设计它所花费的精力一点也不比我们的祖先建造一座迷宫要少。在这一点上，步行道之

[120] 间必须满足功能上的需求，以为游人提供许多独立的、不留设计痕迹的游径；也就是说，要能够使人来来回回穿行其间。如果有一条或几条主要的大道作为英国人所谓的"途径"（approach）贯穿于庄园，直通城堡或住宅；那么这样的功能有时应该被隐藏起来，让道路看起来更长而少些笔直。然而当这样的意图达成之后，道路的方向就不应该再次改变，除非山峦或湖水造成确实的障碍，在这种情况下，道路才能根据需要做出调整。

所谓的环园车道应该在任何方面都避免成为布朗（Brown，英国著名造园家，译者注）那备受批评的"环带"——它们只是不断带领人们沿着单调的绿墙前行。相反，它应

[121] 该被布置成让人们完全无法确知自己到底是远离园界还是靠近园界。因此，必须给人以朝向道路与看不见的园界之间悠悠草地的宽广视线。它将带领我们去到庄园里最美丽的地点，所以不仅需要提供望向园内的视线，也需要经常提供越过看不见的围墙、远眺园外的机会。可以通过隐垣等前述第3章（围合）的方法来隐藏边界。除此之外，不要忘记还可以通过准确选择沿路种植地点来创造尽可能多的不同视线；同时考虑驶进和驶出的情况，显然可以使视线的多样性加倍。通过合理布置道路附近的种植，能使游人在驶出时看到风景的某一部分，驶进时再看到其他部分。某些时候，让道路直通某处极其美丽的景点是有

益的，因为路过的人也能充分地欣赏到它，而不需下车走到路边，这样很容易错过美景。

我不认为园内的道路和小径需要保持与高速公路一样的宽度，小径的宽度只需五到六莱茵尺（Rhineland feet），道路宽在十到十四莱茵尺之间已经足够。对于公共园林，也可采用其他尺寸。

[122]

车行道和步行道的修建方法极其相似，唯一不同的是下垫面石材的厚度。我所找到的最好的并且也是最耐用的铺设方法如下：

一般道路需先下挖2英尺，小径则下挖1英尺（或者在某些情况下只需半英尺），在那些容易积水的地点，则需要提供位于一个路面以下并有适宜坡度的排水管道，其顶部盖上铁质的栅栏，让水流可以顺畅通过。为防止下坡道路的水土流失，可以在道路和覆盖有栅栏的水渠之间放置石质排水沟。如果这样做花费太高，也可以用由沥青和树脂混合物覆盖的、带坡度的浅沟来代替。在我的庄园里，为了节省开支我有时也采用开放式的渠道，在道路一侧或两侧进行挖掘，并且按道路对角线盖上栅栏；虽然视觉上没那么让人满意，但功用上是一样的。在不需要过分考虑排水的情况下，路面下的排水沟用不着进行砌筑，只需填上大石块或用于草地排水的、排列成线状的瓦片即可。解决了排水问题，就可以铺设上6英寸厚的碎石作为路面了。石头越碎越好（在穆斯考，我用的是花岗岩），然后再用宽木耙压实耙平，并在路中间形成突起的拱形。在碎石之上可以再铺两英寸厚的煤渣、碎砖，并与建筑碎渣紧密粘合，然后铺上1寸厚的粗河沙。最后，整条路面都必须用重铁碾或石碾碾压平整。河沙层需要每年或者至少每两年进行更换或碾压。经过这样处理的道路，能经受住任何重型交通工具的压力，并且比英国的碎石路要更好。它看起来平坦均匀，并且在竣工之后马上就可以作为舒适的车道使用。而完全用碎花岗岩铺成的英国园路，则需要很久以后才能走起来稍微舒适一点。而在那之前不管对于行人还是车马，它使用起来都会很难受，并且哪怕很久以后，依然会有凌厉的尖角突出于路面。

[123]

[124]

在我的庄园里，步行小径也采用上述相同的做法，虽然我也经常会用煤渣或碎煤灰砖和一些建筑碎渣做垫层，并且覆盖上一层更细致的河沙。详细做法见附图V中图f横断面图，和图g道路铺面图。

如果能找到呈棕色的所谓"温莎砾石"（Windsor gravel）——哪怕是在大英帝国也只有很少几条路上能铺设它——那是相当值得推荐的，因为它能形成紧实的表面，并且不会像土壤一样过多受到湿度影响。只需在排水渠道上铺6英寸的这种砾石，就能形成极佳的步道；它平滑得好像镶木地板一样，并且从不需要除草，只需在每年春天重新铺匀并且碾压结实即可。温莎砾石的棕黄色能与草坪的鲜绿形成漂亮的对比。缺少了这样的材料，道路就需要每年除两到三次草；虽然主要是针对靠近路缘的区域，并且由于这项工作可以交给妇女完成，它并不会花费高昂。建筑碎渣作为一种粘结剂有可能会滋长杂草，尤其是在道路不是经常被使用时。但上述提到的优点要远大于它所引起的问题，在缺乏河沙的条件下，没有比建筑碎渣更好的步道铺装材料了。更早以前，我的确尝试过用干土和粗河沙混合来调制一种与"温莎砾石"相似的材料，但从未得到过令人满意的结果；因为这样的混合物很容易出问题，而且无法达到足够的紧实度。后来，我很幸运地找到了与"温莎砾石"色彩和质地都非常相似的沙砾。要想更有效地节省开支，则可以修建我们称之为"县

[125]

道"（county road）的道路，只要将黏土和沙子混合后铺在地面就行了，但在潮湿的天气和冬季，这样的道路常常会非常糟糕。

[126]   在夏季，步道需要用扫帚进行清扫；而在潮湿的冬季则需要时常碾压，这样才能保证在寒冬过后冰雪消融之时，道路依然能保持最佳状态；并且哪怕是在一阵猛烈的风暴或者持续的降雨过后，它们依然能很快就变得干燥清爽。请允许我再次强调，所有注意事项中最重要的一点就是要保证排水畅通。

植草车道和步道可用鹅卵石做面层，并让青草生长在石缝中，下垫面也需铺设6英寸厚的碎石，并且根据情况铺设明沟或暗渠进行排水，以保证路面处于良好状态。这种道路自然要比碎石路更适合骑马经过。

最后，我想说，最适合做道路基土的还是沙子，并且哪怕是沼泽土（swampy soil）都要比不透水的重黏土或亚黏土要好得多。

如果一段时间后，完工的路面出现下陷或坑洼，只需将表面铺装铲起来，再重新铺上煤渣、碎石和沙砾并捣压紧实即可。在非常泥泞的天气里，尤其是春季，需要从路面上耙走被车轮轧松的泥土；并且当四周都干透以后，应进行每年一次的重新铺沙。对我来说，

[127]   流经庄园的一条河流为我提供了方便而又便宜的材料。

以下是道路和小径主要设计规则：

· 它们的布置须能够自然地导向最佳观景点；
· 它们必须沿着一条令人愉悦且能满足功能需要的线形；
· 当它们穿越能够被远远看到的绿地时，必须将场地分割成富有画意的形式；
· 它们不能在没有任何障景或是明显理由的情况下任意弯曲；
· 最后，它们需要使用合理的技术手段，保持坚固、平滑和干燥。

我敢保证，凡是严格遵照以上规则来执行的工程，都不会出现令人不满的结果，并且

[128]   如果项目所在位置合宜，费用也会相应降低，甚至也许会低于预期。

第9章

水　体

　　尽管与丰富的种植比起来，清新洁净的水体，比如一条河流或一处湖泊并没有那么不可或缺，但它们仍然会给园林带来无穷的魅力。我们的眼睛和耳朵会乐于享受这些：谁不会为小溪温柔的潺鸣而倾倒？还有那远方传来的，水流冲刷过磨坊的声音，抑或是飞花溅玉的涌泉所发出的汩汩水声。谁不会为那平和如镜的微醺湖面而迷醉？周围森森树林倒影在湖中，就仿佛一个恬梦。又或是伴着湖中那狂风卷起的朵朵白浪，看鸥群欢快地激浪翻飞。一个艺术家要强迫自然去接受任何非她所创之物是很困难的——实际上那几乎是不可能的。

　　因此，我强烈反对那些漫不经心，虚弱无趣的模仿。一个地方哪怕没有水也可以是非常漂亮的，但一处烂泥塘却会玷污整个区域。这样的判断对前者来说很少是错误的，而对后者则往往都成立。可以肯定的是，也许除了园主之外，没人会把这样的臭水沟看成一个湖，或者把一弯盖满浮萍的死水当作一条溪流。然而，如果地形条件允许，在园中引入一条清澈的溪流是有可能实现的话，那么你就应该尽最大努力，不惜金钱与物力，去赢得这样的好处，因为没有什么能比水这一元素更能为园林带来多样性的了。 [129]

　　不管是以何种形式，要设计出一处看起来就像是自然存在般的人工水体，都得花费很多的努力。在风景式造园中，也许没有比这更难的了，连英国人自己在这方面也还较为落后。就算是他们最好的造园家雷普顿（Repton）所设计的水景也在许多方面存在着不足。只有纳什先生创造出过一些漂亮的范例，比如伦敦的瑞杰特园（Regent's Park）。*但在圣詹姆斯园（St. James'Park）的设计中他却没有那么成功。因场地空间有限，设计中 [130] 遇到的问题也许无法得到解决。他所采用的方法，正如他亲口对我介绍的那样，既简单又巧妙。首先，他对整个场地的地表进行详尽的勘察，包括每一处突起和凹陷，然后通过计算模拟潜在的径流，判断流向，找到可能的自然河床。根据这个模型，他设计出水景的自然形态，即简单地使低洼处更低，这样做能带来两个好处：更自然的形式和更少的人力成本。在大多数显赫的英国园林中，水景就像是整个园子的"外阴"，常常泥泞而细小，仅仅展示出它们人工建造的痕迹。

　　我曾经提到过的对于道路和小径布置以及种植轮廓线的建议，也适用于溪流形式和流

---

*　也许还有一些类似的成功案例，由著名的建筑师劳顿和肯尼迪担纲设计，但我还没有见过它们。[乔治·克劳德·劳顿（John Claudius Loudon，1783~1843年）]，苏格兰植物学家及造园家。路易斯·肯尼迪（Lewis Kennedy，1789~1877年）"notitiae"笔记的作者，为奇西克宫（Chiswick House）的改造绘制过草图，被称为"英国园林之父"。

[131] 线的设计。与其他设计类似，依靠对地形起伏及障景的考量，溪流的设计也应该采用较长的柔和曲线与较短的急转弯相结合，迂回曲折的转角比半圆形更好，并且有时还需要一些障碍物所形成的急转弯来让水流产生明显的方向变化。河流或小溪的两岸应该大致平行，但间或变化，这样的变化不是设计师的一时兴起，而是根据水体流动的自然规律而设。此处有两条主要的规则：

第一，靠近水流转弯内侧的一岸应该比对岸更加平缓，因为较高的一岸会迫使水流改变方向。

第二，当水流速度突然加快又需要转向时，如果不加控制就会有漫过驳岸的危险，此时应选用一段较急的转弯而不是较缓的曲线。较陡的驳岸能更好地对抗冲击和湍流。最好不要使用德国本土工程师所称的"优雅线形"。*在附图VI中的图a和图b中，我假想了同样
[132] 的地形，粗心的造园师会将他的溪流设计成图a的样子，而细心观察过自然的造园师则会创造出如图b一样的溪流。

大量或大或小的岬角和深切的水湾会增添河流驳岸的自然野趣，时常变化驳岸顶部的高度和形状也能起到同样良好的效果。除了在"娱乐场地"以外，应避免沿岸的坡地太过造作，流露出过多的人工痕迹。即使是在"娱乐场地"范围内的溪流，也应该采取介于人工和自然之间的折中路线。附图VI中的图c所示为过度人工化的驳岸；图d则看起来更加"未经修饰"，也更自然得多；图e同时展示了具有不同优势的双侧驳岸。沿岸的种植提供了景致所需，偶然伸出的枝条使画面变得完满。缺少这样的种植，人工驳岸很难拥有自然的美感。

[133] 如果要设计一处较大的如湖面般的水体，尤其是希望能从住宅眺望到良好视野时，就需要合理布置岛屿和深远的水湾（后者的尽端应消失于植丛之中）；或者是让水面向四处延伸，直到消失在浓密的灌丛之后，以使得整个湖面无法被一览无余。如果不这么做的话，任何水面都会看起来很小，哪怕绕着它走上一圈需要一个小时。一片延伸至水边的开敞草坪，孤植的大树，一处森林或是一丛茂密的灌木，所有这一切都会给园林带来无尽的多样性。开合变化的围合，应该为阳光的洒落留下足够的空间，以保证水体不会失去其透明度，或只能在过多的阴影中闪烁微光。处在浓重阴影中的湖面会损失掉大部分的景致，只有处在明媚的阳光之下，水面才会显得清澈见底，并展现出它神奇的色彩和银鳞般的波光。我常常会见到这一重要的细节被缺乏经验的造园师所忽略。地形突起处大多数时候都应该被作为夹景或框景的对象，而不是仅仅让人绕道而行。我不得不再次强调没有什么比
[134] 圆环状的线形更加不融于自然式的风景了。一块"舌状"绿地最终以尖角收尾，消失在水中，在它前方是更大的水面，这往往会破坏最迷人的景致。尤其是当这块绿地上的树木还被截过枝时，视线会从树叶之下一眼望穿。如果附近有一个主要的景点可以借景，比如说一栋建筑，一座山峦又或者一棵姿态优美的大树；则应该留出足够的空间让这些景物能倒

---

* 一次我在柏林见到一处开阔的绿草坪上有一行漆成绿色的栅栏，它们仿佛是沿着一条想象中的美丽线条，在没有任何其他自然或人工障碍物的情况下，一凸一凹地形成规则的弧线，沿着一条笔直的小径向远处伸展。这样做将会使花费加倍；但除了使主人看起来愚蠢可笑外，起不到任何作用。

影在水面上，并能从一条通往该处的小路或者一张特意放置的长椅看见这样的美景。

　　水生植物和芦苇等（各种鸢尾和其他水生花卉等可被用于"娱乐场地"）具有广泛的用途。它们以轻松愉悦的方式将整幅画面调和起来。种植芦苇的最佳方式，是把它的种子揉进黏土球里，并将它们抛入水中。

　　以上内容可参考附图Ⅵ。图f毋庸置疑是我见过最糟糕的筑湖方式，虽然不能说图g就是最好的解决办法，但它肯定比图f要更加如画，因为图f的设计中没有一处能看到水体的尽头，这也是最重要的优势。　　　　　　　　　　　　　　　　　　　　　　　　　　　　[135]

第10章

岛　屿

不管是广阔视野中的唯一焦点——一座碧波环绕，绿树葱茏的小岛；还是远远望去仿佛漂浮于波光粼粼的湖面之上的浓密树冠，都比陆地上最壮美的景色要更为迷人。因此，我们也需努力提供这样的享受。散布于广阔湖面上或者艺术地布置于宽阔河流里的那些岛屿，将是园林的珍贵财富，它们的多样性会极大地丰富整座园林的美。但在此仍须对自然进行深入研究。令人不解的是，关于这方面的专门研究是如此之少，以至于我很难忆[136] 起有哪座人工岛屿没有让人一眼就看出它的人造痕迹。最近我在著名的白金汉宫的小型皇家花园里看见一处这样的岛屿，相比于自然形成的岛屿，它倒更像是漂浮在汤汁里的布丁。诚然，自然有时也会开这样奇怪的玩笑，但仍有一些东西是我们无论如何也无法模仿的；我们理应学习她的一般规律，而不是那些意外情况。就像画家会避免表现一些的确是真实存在的情况，仅仅是因为它们实在太过少见，反而显得十分不自然而且难以表现，哪怕它们并非虚假。你也可以说，"真相时常令人难以置信。"[25]

就像我曾经提到过的，人工岛屿基本上都能被一眼识破。它们要么是椭圆形，要么是圆形，四周坡度几乎一致，种植杂乱无章。自然在创造岛屿时方式完全不同，它们极少是被"建立"出来的，大部分是通过"毁坏"而产生：那么岛屿到底是怎么来的呢？它们是由洪水的力量创造出来的，遵循着自己的一套法则。一块土地依靠它的高程或者坚固抵[137] 御住了水流的冲刷，但依然被强烈地切割；或者一处高地逐渐被可见的水流包围，又或者是土壤在洪水退却之后沉淀下来而形成小岛。对前一种情况来说（见附图Ⅶ中图a），得到的结果将会是较陡的边坡、罅隙、参差不齐的曲线型轮廓；然而对第二种和第三种情况（见附图Ⅶ中图b）所形成的岛屿常常会出现两头尖的情形，但极少会形成平滑的椭圆形，并且几乎永远也不会形成完美的圆形。

附图中所绘制的岛屿主要是位于河流中的，至少是离岸足够远的情况。不同的障碍物会形成不同的形状。例如，位于一侧的缺口很可能会形成图c的效果，在岸线的细节处留下特定的微小差别。

如果一股水流突然冲进一处盆地，并且在进口处形成一座岛屿，它很可能会形成图d所示形状，与外侧驳岸线平行，并且由于两侧都受到了迅猛水流的冲刷，迎水面会变得圆滑一些。但是如果水流是以一种更加温和的方式，逐渐侵蚀出一条深谷，而不是猛烈地切入的话，那么图e所示的形状会更加接近自然。如图所示水流并非从两侧划过岛屿，而是[138] 保持缓慢的流速从右侧经过，从而使得岛屿左侧的驳岸较为平坦；水流只是缓缓地漫过，温柔地环绕着较高的地面，而不是湍急地流过。然而一条河流常常会在流入盆地时形成瓶形，如图f所示。

　　岛屿的地表和坡度也需要在水流和地形进行相互作用后进一步塑造改进。所有的坡度都保持一致，或是完全平坦，没有任何地形起伏变化是常见的错误，我自己在一开始也犯过这样的错误。参见不那么令人满意的图g和形状较好的图h。

　　哪怕是较好的轮廓，如果种植得当的话也可以得到显著的提升。这样做既可以遮挡不利的视点，也可以在不破坏整体和谐的情况下提升地表的多样性。对此，良好的直觉是决定性因素，它是品味和经验的结合，它能帮助人们找到正确的解决办法，而这是无法仅凭规则来教授的。早前提到的关于灌木的种植方法也同样适用于岛屿。在草本层上方的灌木对岛屿的外观形态起着重要作用。我在此仅举几例，图i和图k可以做多方面的修改。一直　　[139]
到水边都完全被植物所覆盖的岛屿，不管是什么形状的都不会有太大的问题，这也许是岛屿外形很糟时唯一的补救办法。但就算拥有再好的外形，我也不会不做任何种植，因为要模仿自然完全裸露的轮廓线是最困难的（如果我这么做的话）。最后，我们必须承认，哪怕尽全力去领会自然的真意，她依然会将一些东西隐藏起来，总有一天她会唤起人们的认知——人性是多么贫乏。"只能到此，到此为止！"

第11章

·◆·

岩　石

人为"创造"一处岩石结构是一件值得怀疑的事情，任何企图模仿的尝试最终都将失败——如果自然没有就近提供优良的素材，并且能做到将之炸成碎片然后重新组装成原来的模样的话。

[140]　在自然界存在一种类型的岩石，成堆的石块被洪水或山洪冲击而叠摞在一起，它们看起来至少是嶙峋的，有自成画意，不费人工之感。

此种类型的岩石是值得取材的，在堆叠时首先需要注意的是，这种石堆附近要有较大尺寸的独立岩石来烘托氛围；并且这些大石块需要放置在合宜的位置，只露出一部分，另一部分则隐藏在土里、植丛或者水下，从不展现出它们的全貌。有时，将它们与碎石砌成的石墙连接起来也是可行的；这样就做能合理利用水边作为某项工程的石砌结构（例如一座桥墩或一座陡峭驳岸的护岸挡墙）。而这也为种植那些只能生长在石质基质上的植物提供了一个机会，它们通常都是极好的点缀。尤其是在靠近水边的地方，在那些所有伟大的

[141]　园林都不可或缺的石砌构筑物近旁，像是防水墙、水坝或者坚固的挡墙等等。

将尽可能多的石块按照一定角度放置，造成冰川侵蚀后留下的痕迹一样的效果，是一个小小的艺术处理手法。并且，让一些最大的石块突起于表面之上会使整个石景看起来更加崎岖，画面更富质感。我绘制了两座水坝和沿线的一座挡墙作为案例，详见附图VIII、IX和X。

水坝基本上是用碎砖筑成的，在它外面砌筑了块石将之包裹起来，这样做时最需要注意的是要保证叠水等以最入画的方式呈现，因为一旦筑成将无法进行调整。除此之外，只

[142]　需挑选适宜的观赏植物与灌木。

第 12 章

地形与游憩场地

在此我想说，最重要的也许是我们应该不遗余力地来做好以下这件事。地形的自然起伏作为一项原则，要比任何刻意的人为之作更显画意。从某种程度上说，人工地形常常起不到应有的作用。但如果建造它是为了更好的观景视线，加高种植平面，或者处理从湖中清理出的淤泥，那么不论需要建成怎样的形式，都可以根据前述岛屿章节中所提到的那些原则来设计，因为水这一元素几乎总是在塑造自然的竖向形态中扮演着重要角色——有时堆积抬高，有时又冲毁带走。地形的表面和边坡需要具有多样性，有的粗糙，有的平滑，但要避免混乱。植物种植会带来更多益处。

如果在需要进行地形处理的场地上有你不愿移栽或不能移栽的美丽大树，可以在树干周围挖掘一系列的竖井，并填上石头，以利于根部的空气和水分吸收，就像在英国常做的那样。但是对橡树来说，这不是必须的。至少在我自己的庄园，我惊讶地发现，不管年老还是年轻的橡树，都能经受最高至树高三分之一的部分被掩埋而不受伤害。 [143]

虽然一般情况下，轻微起伏的地形是可取的，但在一片山地之中偶尔出现的小块平地或者陡峻的谷地，都会起到极佳的效果。这样的现象在自然界也极其常见，并且反差所形成的结果往往是迷人的。

尤其是对草坪而言，在不影响更大尺度上的地形前提下，不规则的上下起伏不仅出于功能考虑，同时也有美学上的原因。然而，在出于其他原因需要对地形进行显著的提高，并且有美丽的大树需要保留时，我会建议将它们留在小土丘（*tertres*）上[26]，这样会使草地 [144] 的景致显得更加丰富。我常常会用此方式精心种植，并且得到良好的效果。请允许我增加这点提示，虽然我也许应该在更早的章节给出这个建议。

在设计一处美丽的主景树或树群时，最佳的观察视点并不是站在树下仰视，而是站在树高一半左右的高度，最好是两倍于树高距离的斜坡上进行观察，考虑。因为从这个角度看去，树木会比在仰视角度看上去美感增倍。

显然，除了硬质铺装场地、道路、种植区域和房屋以外，所有地形改造处都需要小心地保留好表土并在完工后重新铺上，据我所见，对该问题的忽视远超想象。 [145]

第13章

————————— ✦ —————————

养　护

在前十二章我们讨论了如何通过艺术的手法来提升某处园林的景致或者创造一处新园林；我想，用如何维护它们作为本章结尾应该是恰当的。

在一个较大尺度上，想让一处广阔的园林在它成熟以后依然保持最初的形态是不切实际的，我们只能尽力去保持其内部各元素之间的合理比例关系。自然是无法被精确预知的，尝试这样做只会是浪费时间。

[146]　　某种意义上说，我们要在此面对这门艺术的黑暗面，而从另一个角度看来，它也不失为一个有利之处：对于园林建设而言，我们不需要像画家、雕塑家和建筑师一样给出一个固定的、已经"完成"的作品；因为我们的作品并非无生命的死物，它们是活的；而且和自然界中的其他生命一样，诚如费希特（Johanm Gottlieb，1762~1814年，德国哲学家，译者注）对德语的形容，"它总是处在形成之中，而不是静止的存在；从不停歇，从未封闭固化到只剩下自己。"所以，这样的艺术形式总会需要技艺娴熟的双手来引导，如果长时间缺乏这样的指引，园林不仅会变得衰败，而且会面目全非。并且那些"魔法师的学徒与端茶倒水的侍者"[27]将会长过我们的头顶。它们很快就会长得过于繁茂，超出我们的需要；你也可以说在修辞上讲"超出我们的头（脑）。"

我们不仅需要斧头来控制植物的高度，而且需要保持种植的密度以利于审美以及空气流通，并且使得园景不会变得过度拥塞。

[147]　　而且，因为砍伐是最快速、最简单的工作，冬季也正好是农闲季节，有相当充裕的时间用来保证每年都按时进行这项工作。

要保持一个较大的混合种植群落在合理高度，并不需要将它们全部截短，只需每年修剪其中最高的那些即可。截短后的植物将会形成下木层，并且也许在几年之后重新长成最高的植物。通过这种方法，植物群落看起来将一直保持着相同的树龄和自然的形态。事实上，要是对人类也能使用相同的方法就好了。

在某些视线需要严格控制的地方，有时也需要对单株的植物进行修剪，但有种方法可以看不出修剪痕迹，或者起码能保证在树叶全都长出来的时候可以被遮掩起来。针叶树需要在修剪时将枝条剪到树冠以内，也就是说从细枝的基部开始完全剪除，这样其他的枝条就会聚拢在一起，很快就能掩盖掉修剪痕迹。对落叶树也是一样，只有在一根枝条附近同时生长有另一根枝条时，我们才会剪掉它，这样才能保证不会留下空缺。越是经常进行这

[148]　　样巧妙的修剪，所需花费的功夫就越少，并且得到的效果就越浓密越自然。但请允许我再次提醒，任何细节都不应被忽略，总是要仔细考量。要控制植物的生长高度，如果长时间忽视这一点，就会很难在不出现可见瑕疵的情况下将植物修剪回所需的高度了。

我曾经详细说明过，浓密而繁茂的生长同样只能通过疏伐来达到。这条建议应该被牢记于心。否则，结果就会是一片只有高高光杆的树林，它或许能为园林增添一点多样性，却无法恢复自然的状态。要想获得全方位的生长，每株植物都需要得到维持其健康成长、合理密度和完整株型所需的充足空气与光照。这些植物所需的"自由"，也是长久以来人类所渴望拥有的。

我采用和造林者对待大面积树林相同的方法，它本不是用来处理一片小树丛的，也就是说，我会按照树木的生长规律进行定期的采伐，将桦木控制在60~80株每摩根（Morgen，面积单位，1摩根约等于2.116英亩，即8563平方米，译者注）（因为桦木在光照不良的情况下会长势不佳），其他树种的大树控制在每摩根100株左右。唯一的调整是，我会将一些大树种植成树群，而非孤植；这样做对我们的主要目的（如果不是造林的话），也就是造园来说是较为有益的。 [149]

以上的建议尤其适合大型园林，比如一座风景式园林。对于"游戏场地"和花园而言，由于其场地有限，而可供选择的植物种类更多（尤其是灌木），可以适当放松要求，仅仅为植物的健康生长和适当的造型而进行修剪。

草坪的养护在前章已经介绍过，只需每年进行一到两次碾压，经常防范鼹鼠的破坏，春秋季节根据需要合理灌溉，三至四年施一次肥，以保证草坪的新鲜、厚实和茂盛。

河流和湖泊需要在自然力产生破坏影响时进行修复，但这不是真正的养护。水体越是侵蚀驳岸，岸边的青草和水生植物越是茂盛则效果越好。 [150]

较浅的水塘需要每三年疏浚和清理一次，一来是防止苔藓和水生植物淤塞池底，另外也是为了利用清理出的淤泥，因为它是极佳的草坪肥料。

我想我已经谈完了手头这个题目的所有主要的理论要点（如果的确如预期的那样用简要观点的形式），现在我将进入到下一个章节，也就是实践部分，将前述观点实施后的情况具体化到一个特定场地上。 [151]

第二部分

穆斯考园——起源与详述

　　在开始以下描述之前，我必须坦诚我的疑虑。虽然除开单纯的教育目的，这本小书谈不上多么具有娱乐性，但我依然担心对那些并不真正对这项事业感兴趣的人来说，接下来对一个特定对象的枯燥解读会比前述章节更加乏味。 [153]

　　因此，我仅为以下读者执笔，并且无需为使用混杂的个人经验来丰富我对主题的描述而感到歉意。我知道大众并不一定会对这些内容感兴趣，但它们将会对那些希望将本书作为指导手册来改造自己庄园的人们有所助益。因为他们将会从中找到相似的情况，不论是从大的方面，抑或是某一特别的部分；并且他们也许会从我的经验中得到启示，从而在面对同样的困难时少一些疑惧，多一些准备。

　　我必须在一开始就诚恳地承认，任何希望在穆斯考看到一处完全完成的作品的人都会极度失望。如今，只有三分之一的规划区域看起来是完全完成的，而实际上我们已经做完了四分之三的工作。因为从来没有一位从事这项事业的公民处理过比我所遇到的更加困难的情况。所有其他问题之中，最为棘手是我所需要的超过2000英亩的土地还在附近城镇的居民和村庄的村民手中；你我都清楚，要得到这些土地有多么的困难，即使你愿意付出3倍甚至4倍的地价。而首先，我必须买下并且填平一条通向我府邸的小镇道路，并且在同一地点开挖一处湖泊。我所拥有的一些房产，分布广泛，有些甚至体量巨大；但却位于一些对园林规划来说并不合适的地点，毫无疑问它们将被拆除。更为严重的是，我的府邸本 [155]
身被古代的防御工事所围绕——那些深深的壕沟和八至十英尺厚的城墙。它们保存完好，历史可以追溯到我们伟大先祖们的时代，其坚固程度甚至连炸弹也无法动其分毫。*但是，拆除这些防御工事，填平壕沟是无法避免的，一来因为死水不利于健康，再者现有这些防御工事的特点和用途与整个庄园的设计风格格格不入。

　　为了找到填平壕沟所需的足量土方，并同时促进不同水景视线的营造，必须开挖一条新的支流从河里引水流经整个庄园，该部分的水渠长度为四分之三"小时"（3.5千米）[28]，它同时为两个广阔的大湖提供了水源。最后的也许是最大的困难在于，靠府邸最近的 [156]
五六百摩根（约500公顷，译者注）土地全都是贫瘠的沙砾和坚硬的石灰岩，只有采取最昂贵的方法进行改良后才能使用。

　　因此，仅仅是要启动我的新工程，我所要解决的困难就比那些拥有更好立地条件的园主们完成整个园林所需要克服的困难多得多。为了更加清晰地解释这一点，附图XI展示了从我城堡的公共房间现在所能见到的园景以及建园之前的俯视效果。你们可以从平面图A和平面图B中看到我所说的那些细节。平面图A中所有那些以前并不属于我的土地都用浅红色标示出来。**

----

*　实际上我让20~30人组队使用电锤来拆除城墙，并且将拆毁后的碎石做掩埋处理。不管是普通的砌砖师傅还是自由石匠，甚或是国家的缔造者们，都再也不会有人建造这样的防御工事了，不论它们今天看起来有多么的雄心勃勃。

**　我有意地没有采用时下流行的风景画式画法来绘制这些平面图，因为风景画式的技法用在那些表现图中就足够了，而这里我只想清楚地说明一些特定问题。

[157] 绝大多数的准备工作已经就绪，剩下的就只有修筑道路和小径、种植植物、整修自然式的游憩场地和新建几处建筑。大部分建筑工程都比前期的土地整治项目要容易得多，哪怕它们仍然要耗费相当多的时间和金钱。我从战争和其他严重灾害中所受的巨大损失中坚持了下来，并且缓慢地推进我的工作。但我仍然希望，除了一部分建筑以外，能在十年内实现绝大部分设计目标，而建造余下建筑的任务将不得不留给我的继任者们了。直到那时我依然希望来我庄园的人们不要期望过高，并且不因所见而做出武断评判。或许相比于我的实践，我所写作的这本书更加能够反映我的思想，因为大部分在游人看来似乎已经完成的地方，实际上只是临时性的建设，而许多在鉴赏家看来简直是草稿的地方，其实只是还未开发的保留场地，在进行彻底清理前，等待着用来建造更为重要的景致。*

[158] 我们也许无法通过先完成某一部分，再开始另一部分这样的方式，逐一地建造一个成功的风景式园林。相反，从艺术方面考量，同时也为节省时间和金钱，最佳的建园方式是尽你所能在同一时间内在园内各处进行建设。这就好像是一场精密的军事行动，在一天之内召集齐所有的部队来打一场硬仗。其主要目的是为了在所有的"前线"同时向完成一个总体目标推进，以保证全面协调而不是各自为政。

当一切完成，造园者的大部分工作（实际上是绝大部分）对游人来说都会变得不可见，而且越是这样，说明他的工作越是成功。这也正是睿智的造园者追求的目标与希冀的奖赏——让人们以为他们所看到的一切本该如此，并且实际上从未有过太大变化。而我应

[159] 该向游人致歉，当他们看着我园中郁郁葱葱的草坪，也许会为了解到这里本来是一片荆棘都难以生长的不毛之地而感到苦恼；而当他们沿着穿过浓密灌木的平整道路漫步的时候，也许会禁不住想起这里以前曾经是一片连牲畜都几乎无法到达的低洼沼泽。风景造园的至高境界乃是以一种崇高的形式，展现出自然未受侵扰的本真。并且，这就是"以自然作画"的特殊吸引力，它是充满活力的艺术创作。而所有艺术创作，都同时以自然作为素材和主题；这就像是演员尝试通过自己的表演来展示理想的人类原型；造园师会通过提炼和提升自然的原始野性和未经组织的图景与材料，来形成一处如诗的风景。

我们也可以将更高境界的造园艺术与音乐作比，与建筑被称为"凝固的音乐"²⁹同样准确的是，我们也许可以用"绿色乐章"["vegetative music"（"vegetirende Musik"）]

[160] 来比喻园林。这项艺术也具有交响乐般的宏大、慢板式的舒缓或是快板式的活泼，这些能直触灵魂的、难以言喻、同时也极具力量的情感。正如大自然为造园师提供了各种可供选择和使用的特质，它也为音乐创作提供了一些最基本的声响：美妙的声音包括了人声、鸟鸣、雷鸣、风暴的呼啸声、风吹过门廊所发出的低吟；刺耳的则有像哭声、嚎叫声、吱嘎声和尖叫声。乐器能够再现这所有一切声响，其效果视环境而异。糟糕的演奏者使人只想捂耳，而优秀的演奏家则会奏出令人愉悦的音乐。受到大自然启发的画家也是一样，他通

---

* 最近，一位富有经验的业内人士批评我将过多种类的树木种植在一起，并且缺乏足够的树丛式种植。他是对的，但他也忽视了随着时间的流逝，只有那些最具适应性的树种能够存活下来，而其他长势不良的树木将会被移走的事实。这样，造园者就能得到一份最适合场地的树木清单。而树丛的种植最好等到稍后，当那些通过选择的树种生长到合适高度。只有到那时，树木才具有最佳的实践应用价值。

过研习自然所提供的一切素材，并且用艺术创作将这些互不相关的独立事物联接成一个美丽的整体。但只有当和谐之风为作品注入真正的灵魂，它才能使人体会到那令人愉悦的旋律，即艺术带给人的最崇高的价值和最完美的享受。

我也许有些离题了。

你可能会问，我列出了如此之多的棘手难题，为何还要写作这样一本书？以下就是促使我这样做的一些原因： [161]

当我开始为这块巨大的场地构思规划方案时，首先浮现在我脑海里的就是，作为一个从祖先那里继承到沿袭达几个世纪的遗产的人，除非出于荣誉或其他必须的情况而不得不迁移，否则我是不会离它而去到别处来寻找生活的目标和快乐的。

我所继承的遗产相当可观。[30]我成了一位大公，享有从君主那里让渡出的领土主权，这些权利包括属下官员、侍从和一块面积达10~11平方英里的土地，以及这一地位所应享有的一切，这也使得我的庄园改造工作变得更加容易实现。作为度过余生之所，这里看起来相当不错。但我也发觉，此地缺乏几乎所有外在方面的吸引力。虽然它极其辽阔，却没有什么东西与美的文化相关；整个地区都疏于管理，只能在贫穷和丑陋中自顾自地挣扎。在我面前是一片具有美的潜质和改善希望的辽阔土地，她仿佛在对我发出召唤 [162]（"Beruf"）。尤其是当我坚信一位拥有土地的领主通过他的努力，持续提升其领土的美丽，并教化他的臣民，增加他们的财富，增强他们的体质，由此使得他们能更好地缴纳地税；这样的领主至少可以称得上是无愧于国家的。虽然不拿一分钱，但是他所做的贡献不会比那些整天无所事事，只是坐在桌前几小时就可以拿着高薪的行政长官们，或者一位不时处于半闲职状态的外交官以及和他一样成千上万的官员们要少。事实上，这些官员的不作为，常常未能引起国家元首们的重视，也不利于我们可敬的祖国。

但即使不是出于对继承遗产的责任，总的来说，我依然对能否找到另一处比现有土地拥有更多优势，更少难题的土地表示怀疑。

此地的劣势有以下几个方面： [163]

1. 该地区基本上是贫瘠的沙地，而且大部分土地被松树林所覆盖；

2. 未来规划的园林用地中很大面积的土地土壤情况糟糕；

3. 新建庄园前需投入的巨量准备工作；

4. 需从其他地主手中购买超过2000摩根（约合3623公顷，译者注）的土地。

但它也有优势：

a. 连绵不断的起伏地形，有着极其多样的山峰与峡谷，以及远处西里西亚及上卢萨蒂亚（Silesian and Upper Lusatian，位于德国与波兰交界处，地形起伏多变，河流纵横，是德国具有悠久历史的区域，译者注）的群山美景；

b. 本地区的一条主要河流流经未来园林场地，它创造出沿河两岸极其肥沃的草地；

c. 数百株美丽的老树四散在整片土地上；

d. 在自有领土上进行改造相对容易（一旦我获得前述提到的那2000摩根土地），而因此造成的农田面积减小并不是什么大问题； [164]

e. 总体而言，本地劳动力成本和货运费用都比较低廉；

f. 邻近地区拥有包括砖厂、金属加工厂、玻璃厂等各种独立的建材供应商；以及数量充足的各种木材，可源源不断供应的大小块石（其中大多数是花岗岩），还有储量丰富的大理石以及其他石材；

g. 最后，这处巨大的产业，提供了各种不同的资源，以及隶属于它的大量机构和人员，他们能为将要进行的改造工作提供必要的帮助。

[165]

我们可以看到，场地缺点当中的第一条能够被优点a所抵消。并且，这样一处宛如海中岛屿般被森林所环绕的草场，是否完全无法成为一座庄园的最佳选址，这仍是一个值得商榷的问题。*而如此浓密的松树林，从远处望去，其实正好可以形成极佳的背景；近处浅绿色的观赏树会因这巨大的深色背景而显得倍加迷人，天空中的白云也会被衬托得越发明亮清扬。第二条缺点（土质恶劣的场地），最终被来自于河岸的肥沃土壤解决了。第三条缺点则大部分被优点d抵消了。然而，另一个更加值得关注的问题是，战争的威胁对贫穷的农民们所造成的几乎是无法承受的沉重负担，这使得他们无法缴纳田赋和国税。我毫不怀疑，如果没有特别的机会赚到钱的话，一部分本地居民将会被饿死或者逼于无奈，只能远走他乡。我相信这一点也会得到我领地上全体居民的一致认同。

[166]

我为大约两百人提供了长期工作，一部分在我的工厂里做工（这些工厂同时也是我当时唯一的经济来源），一部分则为我的庄园服务多年，从事一些基本的日常工作，而这也成为他们唯一的经济来源。我想我还是十分幸运的，因为我可以把我的工作和爱好如此协调地联系在一起。能做到这一点的人是多么稀少啊！

和所有的事情一样，反对之声永远不会缺席。在我开始拆毁前面提到的小镇道路并且用这些土方填平围绕府邸的壕沟的时候，一些人觉得我是不是疯了。许多曾经给我的产业投资的资本家也撤回了他们的资金，并且将这些钱分批投入到股票投机中，然后损失掉了。另一些人则对我说，这是不可能的。甚至对那些比我富有不止十倍的人来说，去实现这样一个计划都是毫无希望的。但那些会被这样的夸张说法吓倒的人，都是缺乏经验的。

[167]

20次中有19次，坚定的决心和耐心会驳倒所有的悲观论断，让那些所谓的不可能变为可能。以我为例，信念帮助我移平了真实世界里不止一座的大山，并在旁边又筑起相等数量的。当人们看到了我的成果，他们对我的计划更有信心了，而我则要由衷感谢更多友好的支持，在那以前我原本以为会只有反对。甚至在占本地人口绝大多数，受教育程度不高的温德族农民们中，某种审美意识也开始觉醒了。现在他们开始在自己的村庄里种植观赏树木。虽然他们仍会不时从我的庄园里盗取木材，但大多数情况下，他们仅仅拿走作为那些幼树支架的木材，而不会伤害树苗。这已经是值得我们赞许的细心了（对温德人来说）。

以上我所说的，是希望能鼓励那些轻易放弃看似无法实现的内心热望的人们。因此，

---

*　当人们为到达穆斯考而穿过大片荒野时，会不自觉中降低了对它的期望值，而突然出现在视野中的，如魔法一般的一派欣欣向荣的园林景色将会给他们带来精神上的加倍愉悦。就如在享受大餐之前最好能先饿一饿（如果这个比方不是太俗的话），那一段旅程将使人们为参观穆斯考园做好更加充分的准备。

我准许所有人，不需经过个人申请，就能进入我的庄园参观，这也被许多庄园主视为不可能。他们说，那些粗鲁的人，甚至常常是醉汉，会砍断所有的树苗，毁坏所有的花卉。当然，一开始的时候免不了发生一些意外情况，其中一些被及时发现并严惩；而另一些肇事者未被发现的情况，园林所受到的破坏也被冷静而细致地修复好了，并且庄园的大门依然继续向大众敞开。但很快的，人们便在园林中找到了感觉，并感激我一直以来的平静宽容。现在时常有成百的游人用各种方式在园中游憩，而我要对本地公众的信誉表示感谢，任何损害园林的行为都只是小概率事件。

[168]

这个过程让我保持了对我数量众多的"前臣民"*的慈爱，当然，除了那些成群结队而来的不择手段的律师与官员们以外。相比于提升社会的和谐与民主，他们更擅长挑拨农民与领主之间的关系，并且掏光他们口袋里的钱，这就是他们所吹嘘的所谓"自由"。但从那以后，来自高层的仁慈态度，尤其是我们倍受爱戴的国王陛下，对这个问题给予了重要的改进；使我不需再为这些令人烦恼的（感谢上帝）、与我的追求最无关的想法所困扰；并集中精力从事更加无害的工作，用无边的想象力创造出美丽的园林。

[169]

现在也许正是回到我在第一章所提到的指导我创造这处园林的"基本理念"的好时机。但首先，我还得介绍一下等待我解决的那些细节问题。

正如我前面所提到的，将要成为我"画布"的这块场地在目力所及的范围以内，是由四下蔓延的云杉和松树所覆盖的。在场地中心附近，是一处丘陵地带。而穆斯考这座作为联系周边据点的小城，其建筑使它显得与别的类似小城不同。房屋并不过度密集，几座美丽的教堂和塔楼点缀其中。它位于一处山坡之上，小镇居民们层层叠叠的花园顺坡而上，直到山顶。这如画的美景使得穆斯考在品质上大大超过其他同类城镇。还有果园和小农舍，使之成为一处美丽的风景。西边是高耸的山顶平原，同时也是小镇的边界。向下望去，可以看到掩映在椴树和橡树之下的博格村（Village of Berg），村里有卢萨蒂亚地区现存最古老的教堂遗址。在村庄的南部边界，地形变陡，形成半圆形围合；坡上生长着山毛榉、橡树，间或有一两株常绿树夹杂其中，一直延伸到下方那些浪漫的山谷之中。谷底坐落着一座铝矿，有巨大的厂房以及冶炼设备。连绵的山脊线在此处掉头，转向西南，并在一处古老的葡萄园附近到达制高点，那里可以远眺尼斯（Neisse）峡谷和西里西亚（Silesian）、戈里（Görlitz）以及博腾（Bautzen）山。从此处开始，山坡再次下降并渐渐消失在浓密的森林之中。沿着小镇另一侧的山脊线，人们会看见被灌木覆盖的尼斯河河岸，一条小道延河而行，将视线引向远处的桥梁和一座绿树环绕的村庄。

[170]

依照书后的平面图A，读者能很容易地理解我适才的描述。这张图中该区域是按照其改造前的样子绘制的。你也可以清晰地看到紧邻小镇外侧的尼斯河冲积平原，在图上向西延伸出一道几乎水平的山谷，而河流流经整个峡谷（见附图XI）。在这处平原上，矗立着

[171]

---

*　他们现在被称为"属下"，因为只有君主才能拥有臣民；并且在法国，连君主都已经不存在了。这个时代的精神正在大踏步前进［在法国，路易斯·菲利普一世被称为"公民君主"（Citizen King）。同样的，拿破仑一世也称自己为"法国人的国王"（French King），而不是"法国国王"（King of France）。因此法国人成为了"公民"而不再是"臣民"］。

老宫殿和新宫殿，以及其他附属建筑，包括剧院、马厩等。小镇附近，大约几百步的距离，有一些旧庄园的附属建筑，和其他一些构筑物，包括一座老式磨坊、一座谷仓和其他一些建筑。一条小路从小镇向此处延伸过来，并经过宫殿附近。

越过城壕和堡垒，坐落着宫殿。它曾经一度被法式花园和绿地围绕，后来又被稍新一点的伪英式花园（pseudo-English garden）所取代。我注意到，这种形式的花园尤其受到我们乡下邻居的喜爱。但那里也有一些有着醒目的美丽树冠的椴树，它们被某些糊涂的园丁截去了枝梢，只为了防止树枝破坏旁边位置不佳的玻璃温室。另外，这样的蠢事被一再重复：他们放养的一只雉鸡在草坪和树林之间的空地上跑来跑去；一些高耸的云杉被直接伐倒或截去树冠，原因是怕它们长得太高，会影响到那些又老又盲的猎手们，使他们无法击中偶尔停在树顶上的猛禽。其余的土地则贫瘠荒凉，大部分为小镇居民所有。好在河岸上还点缀着一些巨大的橡树及另外一些塔状的大树。

[172]

跨过河流不远，是一列向东蜿蜒的低矮山丘，它们形成了园林里第二个高地。高地不远处被另一列山体所围绕，在它的最高峰以外，延伸出第三个更为宽广的平原，并延缓坡向下，消失于远处的树丛中。在树林边缘坐落着布朗斯多夫（Braunsdorf）村以及它的附属建筑。它的旁边曾经有一片养护不良的椴树林，那些细长的枝干对这片区域的景致来说更像是一种破坏，而非补益。我因此在随后的建设中将这片树林移栽到别的更加贫瘠的区域，并通过增加植丛的高度来提升那些地方的吸引力。*

[173]

从第三道山脊线的最高点望去，是一条宽广美丽的透景线。前景是尼斯山谷以及依偎着它的小镇，小镇居民们阶梯状的花园沿山坡向上，与博格村茅草屋顶的农舍优雅地融为一体，仿佛是悬在小镇头顶。在南面的深谷中，铝厂和制陶窑厂不分昼夜地冒出烟尘，每到夕阳西下，谷里的工厂所发出的火光都能照亮整个片区。沿着河流伸展，远处的平原被古老的橡树和其他一些落叶树所覆盖，直到周围的森林将视线吞没，仅露出塔夫菲茨（Tafelfichte）山的兰德斯克（Landskrone）峰和斯内卡（Śnieżka）山的山顶，突出于一片深绿色的海洋之上。最后，在靠近场地右边界处，尼斯河的下游，是大片的开阔草地；偶尔有巨树投下阴影。草地之上是松林覆盖的群山和沃尔夫西恩（Wolfshayn）的玻璃工厂，以及名为格瑞弗（Grävell）的乡村隐居地，那里隐居着知名的法学家和哲学家。当你转过

[174]

身来，则会看到连绵起伏而又浓密幽暗的森林。它们一直蔓延到遥远的地平线，只间或被几座闪光的教堂尖顶所打破。

在这个点上（指平面图A上的一点，译者注），现在是一处凉亭的遗址，但传说中在古代这里曾经是一座城堡或瞭望塔，而今则只有一些从墙上散落下的碎石和地基还依稀可见，就像在卡拉（Keula）附近松林里发现的那些遗址一样。上一场战争中曾经发生过一件奇怪的事，一度让这个遗址重回人们的视线，但也仅仅是昙花一现。故事是这样的：有一天一位俄国官员从他的坐骑上跳下来，来到市长面前，要求指派一位熟悉该地区的人来

---

* 在此，请让我举出一个典型的例子，你将看到我们的祖先们是多么忽视愉悦与舒适：跨过城堡，在这片山地上曾经有一处存在了50年的行刑场地，当东风吹来时，它的临近感会以一种最让人厌烦的方式显现出来。我花了好几千元才清除了这个"讨厌的邻居"。

做他的向导，去做一个对他来说非常重要的调查，但他时间有限。在当时的情况下，他的要求很难被拒绝，但考虑他并未详细说明所为何事，市长要求向导向他汇报俄国官员的所有作为。由此，他获知了以下消息，这位俄国官员详细询问了该地所有的信息，最后极其慎重地告诉那位向导一个秘密，原来他正在试图找寻一处重要的宝藏，他个人对宝藏的存在及其所在地点非常有信心。他是一位地道的莫斯科人，他的斯拉夫祖先在许多年前曾经占领过穆斯考，这个地名的发音和莫斯科很像，都有斯拉夫语系的语源。他们的城堡曾经坐落于临近的树林中，而且就像我前面所提到的，那里还有一座建于山顶的瞭望塔。*这位俄国官员给向导展示了一份标有该地主要地物的地图，虽然一半已经损毁，但剩余部分还是相当清晰的。并且在踏遍整个区域后，他们终于找到一处不知始建于何时的地窖，离地窖大约40步距离是一口荒废的古井。他们立即展开了挖掘行动，但除了几枚因布满铜锈而看不清铭文的硬币之外什么也没有找到。随后的挖掘依然一无所获，这位俄国寻宝人暗示助手第二天去请更多的人来帮忙，但第二天他自己却没有出现。当第三天向导独自一人来到挖掘现场时，发现泥土又被挖得更深了。毋庸置疑，这里肯定又有人在继续进行宝藏的发掘。但其结果是，与这位神秘的俄国官员一样，所谓的宝藏仍然是一个谜。几年以后，当我从战场回来，也曾出于好奇命人进行过进一步的探勘，但同样也以失败告终。

[175]

[176]

这些事实并非与我随后的开发计划毫不相关。

当我对我所描述的这块场地足够熟悉，并且看到了实现我设想的可能性的时候，我决定将我的园林从现有的花园拓展到整个河流区域和界定它的高地与山脊，还有沿途的荒地、田野、附属建筑、磨坊、铝厂等，从南边最远处靠近斜坡的深壑到北边科柏恩（Köbeln）村和布劳斯多夫（Braunsdorf）（总共有将近4000摩根的土地）。通过将小镇背后的山地以及其上博格村的一部分纳入园中，让园林环绕小镇及其附近的土地，并在未来使其成为园林的一部分。由于最近这片土地被划归到我名下，但小镇的权属仍然独立于我的管辖，我希望通过这样的规划将小镇融入整个园林中，并且增加它的历史感。因为我的造园理念植根于这样的一个想法，那就是要营造一处范本，它能够展示我意味深长的家族发展史，或者说是我们本地贵族的发展史，在此我们拥有一个卓越的典范，这一理念以它应有的方式被呈现出来，对旁观者来说不言自明。要实现它，只需将已有的那些特质展现出来，并合理地强调和丰富它，而不要去扰乱或曲解地域性或其历史。许多极端自由主义者会对这一理念嗤之以鼻，但我认为所有的人类发展方式都值得被尊重。而且因为我们所讨论的这种方式或许正在走向其尽头，它开始呈现出一种普遍的诗意和浪漫情趣。而这一切在由工厂、机械甚至城市建筑所组成的世界里都是极其罕有的。诸位（*Suum cuique*）[31]，这就是你们的财富和力量，让这仅存的濒于灭绝的高贵拥有它自己的诗意吧，那是它所剩下的一切。向老去的岁月致敬吧，呵，斯巴达！

[177]

[178]

我选择控制整个地区的山峰作为计划的起点，因为城墙的废墟和古老的传说都在有力地证明着此处曾是一座封建领主的城堡。我决定在此建起一座样式简单的建筑，这种式样

---

* 此地与斯拉夫起源的紧密联系是显而易见的，在一份流传下来的城市编年史手稿中记录该地的地名就是莫斯卡（Moska），而老地图中所标记的也是这个地名。

曾经在中世纪的同类建筑中广泛流行，大致上还能在保存得相当完好的莱茵（Rhine）地区最古老的城堡建筑中见到。当然，还需要一定的艺术加工来使之看起来更有岁月的沧桑感，但这里仍然不应只是一处毫不起眼的废墟而已。这样的新建建筑在起初看起来会比较像道具，它们过度依赖人为制造出来的错觉，而常常因此失却了其应有的特点。相反，也

[179]

许那里只有一座古老的城堡，随着岁月的流逝改变了用途；部分被改建，并时常被维修；像我们省的其他类似建筑一样被持续使用。多亏了它的选址，当从山谷望去时，这座城堡好像是危悬于森林的边缘，但它的另一侧却与最广袤的高地相连，因此而具备了和更大的平地之间的联系。平地上建有农民的小屋和马厩，它和城堡一起可以被方便地用作独立场地。那座被称作秘密城堡并有着高耸的独立塔楼的建筑，近来已不再有奇形怪状的小矮人从中窥伺敌人，而是可以被改建成一处宏伟的住宅。而塔楼则可以被用来作为火警瞭望塔，对于我们区域经常发生山火的森林而言，这是亟须的。又或者，如果你愿意的话，还有另一种可能，或许更加适合也更浪漫——一位现代的瑟尼[32]，他可以不受打扰地在此从事他的占星术研究；抑或是一位炼金术士（这显然是现实中不再存在的一种职业），可以尽情地在此创造奇迹，并不会忽略一旁吠叫的猎犬们，它们可是封建领土上不可或缺的一道风景，因为狗窝也会被安置在城堡里。但是，把刚才的玩笑放在一边，目前仍然留存有

[180]

足够的传统来作为其历史的基础。除了已经被展示在这里的一切，小镇的古老印刷版编年史还提到以下内容，在此我仅将其翻译成现代德语，并增加了一点自己的所知：

"穆斯考（Muskau）或者也可以被叫做莫斯卡（Mosca），德语名称为Mužkow，其名称可被译为'人类的城市'（City of Men），早在索布人（Sorbs，全欧洲最古老的少数民族，译者注）异教时期，就是一处著名的朝拜圣地。在橡树林中耸立着四座供奉着索布族神灵的寺庙。古老的偶像斯旺迪维特（Swantewit），众神之神，'神圣的光明，恐怖的烈焰'，就被供奉于此。[33]由祭献给神灵的马匹所带来的神谕通过牧师传达给信众。其中一处当时的祭献圣地靠近现在的浴室，仍然可以被清晰地辨别出来。在小镇的另一侧，有一片巨大的墓地，那里埋葬着数量众多的骨灰罐，并且至今依旧有人在进行挖掘，可见这里被作为聚落和拥有居民的历史之久远。在索布人逐渐被基督教徒所取代的那段时期，大约在圣路德维[34]与梅森的主教赫德沃克三世（Hildwardt III）（1060年）统治之间的这段时期，他们在这片曾经是无法穿越的森林深处找到了避难所，并秘密地延续了几个世纪之久。祖

[181]

逖博（Zeutiber）神的塑像虽然已经被毁坏了，但据推测很可能一直到不久之前还伫立在这里。"就像在特洛艾德地区（Troad，今天的Biga半岛，在土耳其境内，译者注）被发现的那些墓碑，以及在欧洲半岛沿整个达达尼尔海峡（Hellespont，在土耳其欧亚两部分之间，连接马尔马拉海与爱琴海，译者注），直到干努克洛（Ganochoro）和赫拉克利亚（Heraclea）的那些地区（以上两地都是古希腊人在意大利南部半岛所建立的一系列城邦，译者注），这些最后的墓碑依然存在。在布赫瓦尔德（Buchwalde，在德国图林根州魏玛附近，译者注）和维德克（Werdeck）附近的尼斯河谷两侧有着高耸的葱茏山地，索布人称这些群山为Kraalsroo，也就是"王者们的墓地"。

"穆斯考的首位伯爵名叫瑟瑞克斯（Theoricus），他的女儿朱利安尼（Juliane）被许配给了维特凯德（Witterkind）的同名儿子为妻。这位长官据说颇受爱戴，以至于我们至今

能够听闻他的美名。"

"在战败之后的撤退中，匈牙利人被英勇的骑士——希格菲尔德（Siegfried von Ringelhain）爵士，以及他的帮手布努诺（Bruno von Askanien）爵士所歼灭。在慕尼黑印刷的伟大的勃艮第编年史，是大学士赫格穆勒（Hegemüller）的杰作。大学士谢尔顿（Selden）的盔甲中藏有与本书133页（指1834年版的页码，译者注）相关的文件，那是一份亨利一世皇帝写给穆斯考城的信件。"

"希格菲尔德爵士的儿子马克格瑞弗（Markgraf Johann）用他所分得的战利品在穆 [182] 斯考附近建造了一座坚固的城堡，用作这片土地的防御工事。亨利三世和四世皇帝都曾围困过这座堡垒（1109年），但都没有获得成功。后来它被侯爵割让给了波兰的瓦德兰（Vladislav）大公，然后如以下所述，又被波西米亚的波利斯兰（Boleslav）大公夺走。瓦德兰大公用了三年时间热烈地追求波利斯兰大公美丽的小女儿。因为父亲对她有其他的计划，拒绝将她许配给瓦德兰大公，瓦德兰大公不得不将她从布拉格诱拐过来。波利斯兰大公于是组织起军队包围了穆斯考附近的城堡，并最终占领了它。但当他见到被拐走的女儿以及依偎在他脚边，她可爱的儿子的时候，作为父亲的愤怒很快让位给了割舍不去的亲情与同情。他原谅了女儿，并当场册封年幼的普瑞米斯兰（Primislav）王子为波西米亚大公，并对其降生地穆斯考城保持着友好，正如亚伯拉罕·豪森曼（Abraham Horsmann）所著的编年史记载的那样。自那以后所建成的城镇，在1241年那场历史性的可怕战争中被 [183] 鞑靼人给彻底摧毁了，就连坚固无比的老城堡和它巨大的塔楼与基座都无迹可寻。随后，整个城镇在旧址上逐步重建起来，但毗邻城镇的城堡几乎是立即就被修复了。那里常常举行被称为Torniamina的骑士比武，由一些贵族和其他有钱人参加。在改革以前，穆斯考也有一位行政长官。从与鞑靼人的战争到最近的解放战争，这块土地经历了战争所带来的一切形式的毁坏和暴行。"

"一开始，胡斯派在此地展开了残暴的劫掠，然后是30年战争（Thirty Years' War），蒂芬巴赫（Tiefenbach）将穆斯考周围的村庄付之一炬。城镇本身以及防御工事则被克罗地亚人洗劫一空。1633年，瓦伦斯丁（Wallenstein）率领着皇家军队，占领此地一些时日。不久之后，森林被焚毁，大火燃烧了整整六个星期，新城堡也被漠不关心的瑞士人烧光。而后，一座更大更美丽的城堡被复建起来。小镇也又被烧毁过几次，并于1766年被完全摧毁化为灰烬。但也多亏了这些不幸，它们使得穆斯考拥有了如今这样的面貌，相比同等规模的其他城镇它显得更加优美、更加独特。"

已经有足够的证据显示出这处要塞的历史重要性，你可以尽情想象瓦德兰大公美丽的 [184] 女儿[35]是如何在此度过那些混合着爱与恐惧，苦涩而又甜蜜的时光；那些骑士们呼啸来去的日子；当那些纵火和谋杀所引发的愤怒并未受到审判，而那位冷酷父亲的怒气终于在见到他的女儿及小孙子时烟消云散。

然而，正像诗人总是先写出作品的结尾，再来写开头，我也将修复这座城堡的工作留到整个计划的最后。

沿着森林覆盖的山体，在离城堡大约八分钟路程的地方，我们发现了一处家庭墓地礼 [185] 拜堂，一座有着令人眩晕的哥特式尖拱的桥梁通向那里。这座礼拜堂（或教堂）的拜占庭式（Byzantine）或者更确切地说罗曼式（Romanesque）建筑形式，是我们虔诚的祖先们的首选，因此可以断定它始建年代相当久远，并且非常符合它的功能要求。此外，在大约相同距离的同一处山脚下，你会看到一处粗粝的灰泥构筑物，从中长出一棵老椵树；一座天主教风格的圣母玛利亚雕塑伫立在墙上的壁龛中，使此处成为信徒们的休息站。这里有整座园林中最美丽的自然风景；从信仰的角度来看，它仿佛尘世之中的天堂倒影。由此处向外望去，连绵的群山在淡蓝色的地平线上闪烁着若隐若现的微光。*城堡建筑群背后的平原，仿佛是它的一部分，连接平原的是一条跑马道，我将在随后重新提到它。在这一整段长长的山脊线上，你会看到我刚才所说的那些毫无相似之处的景物，并形成从老宫殿以及山谷中目前正在使用的新宫殿向西的唯一主要视景。

[186]　　也许是因为处在封建领主的庇护下，河流北岸建起了城镇。在漫长的岁月中，城镇所带来的更加安乐的习俗和更加休闲的生活感动了住在高处堡垒中冷酷的领主，使得他们搬到了更具社会性的环境中居住。还有，所谓的"老城堡"，它始建于14世纪，也是现在民主政权的权力机构所在地。我们悉心地保存着这座建筑的风貌，保持着它特有的山形墙，它用于防护的铠甲等，仅仅是对其进行清洗，唯一计划增加的只是我的先祖鲁迪格（Rüdiger von Bechlarn）的雕塑，其出处是《尼伯龙根之歌》（Nibelungenlied，德国著名的民间史诗，译者注）**由于建筑前开阔的广场不仅是城市道路的焦点，而且是通往园林的主要入口，它

[187]　　成了放置古老的匈牙利骑士雕塑的最佳地点。

　　在随后的世纪里，我的祖先在距老城堡只有几百步远的地方建造了一座更加雄伟的新城堡，两者之间用城墙和壕沟相连。这座由意大利建筑师设计的新城堡更多的是用于保卫他们更大的封地以及更高的位阶（在此之前他们刚刚获得了封地内的统治权）。他们还在老城堡另一侧相同距离处修建了一座被称为*palais*的花园，它在近世被用作一处剧场，后又被毫无品味地扩建增大了一半面积并因此而被毁坏了。

　　从规划图上可以很明显地看到我是如何通过一条与尼斯河相连的水渠，将昔日的壕沟改造成为一处湖泊以及一条溪流的。这条溪流因此形成围绕新宫殿三面的水系，并将之与

[188]　　老宫殿以及剧场分开。根据我的计划，以及我天才般的朋友斯金科[36]（Schinkel）那最富

---

* 最近发现的这尊圣母像是一尊相当具有代表性的黄杨木雕像。其历史估计可以追溯到13或14世纪。

** 顺便说一句，有些人或许会出于某些族谱作品对我们家族的高贵出身表示怀疑。而且由于这段历史的确切时期无法被确凿地证明，使它看起来的确有些可疑。但那些不幸毁于16世纪早期谢尔德劳（Schedlau）的大火中的古老文件以及其上记载的我们家族的名字，还留存有合法副本。我们的族名一直到15世纪还拼作"Pechlarn"。还有被证明是公元九世纪的德绍主教佩林格（Pellegrin）的墓碑上所标识的图案，那被划分成四部分的老鹰标志，与我族今天铠甲上的图案十分相似，而佩林格主教正是Rüdiger的后裔。我们家族中的前神圣罗马帝国直属封臣宗亲，Pückler Limpurg auf Farrenbach家族据说珍藏有其他有趣资料，我很希望它们能尽早被公诸于世，来应对那些指责我们将如此浪漫的家族历史与德国不朽的英雄史诗联系起来，却只能提供可能性作为依据的人们。（直属封臣imperially immediate，或德语中的*reichsunmittelbar*，是指直接效忠于神圣罗马帝国的政治实体。正如在注释30中所述，当一个行省失去了这种直属关系，它的统治权就会被渡让给更高一级的政权。因此，作为拿破仑战争的后果，穆斯考园成了普鲁士的封地）。

魅力的设计，未来将会有一座高拱桥梁将新老城堡联接起来，而另一侧将会用一座稍窄些的，并且较矮的跨水拱廊联接城堡与剧场。这将使整个建筑群变为一处更加高贵的居所，而其总长将超过500步。

花上一点时间，回想一下过去的几个世纪，我们目睹了工业方面的持续增长；而文化方面，不再允许贵族享用或是偶尔侵占他人的财产。贵族也被迫变成了某种企业家。因此，河边所建立的第一批建筑就是为了让我们能在城里兜售货品。那些磨坊、酿酒厂、蒸馏厂，依然呈现出古老的式样，有着山形墙、各种突起和小窗户的不规则造型。随后，这片土地被彻底劫掠，一座铝厂拔地而起，其建筑风格已经不再古旧，而是更像现代工厂了。一座葡萄园填补了这一较早期项目形成的环状布局的最后一块空缺，虽然它所产的葡萄酒并不怎么值得称赞。这也显示出，要么是我们的祖先已经习惯了喝劣质的葡萄酒，要么就是以前的气候比现在要温暖。谁能相信，如今只能酿制大麦啤酒的柏林，曾经一度是葡萄酒之乡呢？正如柏林的编年史所告诉我们的那样。 [189]

最后，对于我们所处的这个时代，由于文明的传播，人们的公共利益被更紧密地联系在一起（并且这也是我微薄努力的起点）。哪怕是在我们这样对文化还如此忽视的地方，也开始注意到美与艺术方面需求的增长。这也启发了我要以其本来面貌去反映过去的历史，展现一幅完整的画卷；让往昔的一切重获生机，尽可能地增进它们各自的功能，使之更加优雅；并与新的建设更加协调；最终形成一个更有秩序的整体。我们开始利用一处发源于铝矿附近的矿泉，此前，人们也早已知晓其存在，却从未加以利用，这不啻为一项创新。同时，我们也准备开发附近山谷中一处新发现的富饶的沼泽。在那里，富含硫磺的泉水千年来不断地涓涓流过那也许是史前年代就已存在，而今却深埋地底，化为尘土的森林。如果将其引入设施完善的矿泉疗养中心，我们就能在此为那些饱受病痛折磨的人们带来长久的福利。 [190]

除此以外，我们还增加了其他一些新的设施，其中一些就在城堡附近，另一些则分布在别处。例如一座制蜡场；一座渔夫小屋；以及在位于铝厂附近，围绕布朗斯多夫的草地区域坐落着的Köbeln*村，为侨民们所盖的一些住屋。每座小屋都自成一体，免费提供给那些家庭园艺工人、矿工和其他有需要的人们。此外，还有一座瞭望塔和一处装饰独特的小屋（cottage ornée[37]），被称为"英国房子"，用来为穆斯考及周边地区的周日远足活动提供服务。而作为这一切的高潮，也为了纪念这一面临众多难以言喻困难的工程，我们计划为"毅力之神"（Perseverance）建立一座神庙，关于此事我将在随后详细说明。

以下所列是我所面临的主要问题，我能在多大程度上解决好它们，完成到什么程度或者留下多少未完成的工作也都列在这里，我只能将评判权留给专家们，但至少我的初衷是无害的，经过深思熟虑的，并且不乏某种艺术上的雄心的。 [191]

由此，我在穆斯考的园林可以被分为以下主要区域，它们也与不同的历史时期相互呼应。

---

*　在旧地图上，此地地名为Gobelin。

I. 尼斯河以北的城堡区，该区包括：

   A. 城堡本身及周边环境

   B. 一座墓地教堂

   C. 一条马车道

   D. 种马场

   E. 羊圈及其附属建筑

II. 小镇及其属地

III. 宫殿及其属地，包括：

   A. 老宫殿、磨坊、农场建筑等

   B. 新宫殿及其附属娱乐场地

   C. 橘园及花园

   D. 客栈

   E. 鸡舍

   F. 渔夫小屋及其周边环境

   G. 神庙

IV. 藤本植物园

[192] V. 矿场及其附属建筑

VI. 浴场

VII. 瞭望塔

VIII. 村子，包括

   A. 英国屋（English House）

   B. 哥白林居民点（Goberlin Colony）

现在，让我们对庄园的这些部分做些更为详细的说明，而最有效的方法或许是沿着一位普通参观者的游园路线来展开这一旅程。读者只需将总平面图B放在手边作为参照，图纸上红、黑、蓝、黄四色箭头将会像手握阿里阿德涅（Ariadne）[38]的线团一样找到我所叙述的路线。

但首先，我希望能在上述基于美学的分区之外，采用一种更加概括性的、按照平面图上的布局来对地点进行分类的方法，以使"游览"整座园林更加容易。在这个系统中，全园可被分为三个部分，即宫殿园、温泉园以及外围园林，每部分都从其所在区域获得属于自己的特殊的优点。并且每部分都能为马车旅行提供足够的空间和设施。第一个园区（宫殿园，译者注）的边界由一行高高的木质围墙和尼斯河共同构成，木围墙常常隐藏在茂密的种植之后，从远处望去并不明显。第二个园区（温泉园，译者注）的边界在半对城镇的一面用了相似的木围墙，其他部分则使用了深深的壕沟和宽阔的黑荆棘刺篱。第三个园区（外围园区，译者注）的所有边界都用至少10英尺宽的金合欢、荆棘和洋槐（honey locust）篱围合，这样的篱笆不仅所有的人类和野兽都无法穿越，而且也能适应哪怕是最瘠薄的土壤。虽然在寒冷的冬天，地区内数量庞大的野兔会对这些灌木造成一定的损坏，但因为植篱经常长得太过茂盛，而需要每隔三年进行局部修剪以保持适当宽度，所以野兔

[193]

很少造成严重的问题。

　　我相信大多数游人都会从马车道无法到达的宫殿区花园和娱乐场地的一部分开始步入这段旅程。

　　按红色箭头所示，沿着宫殿庭院宽阔的台阶（如平面图C和B*上所示a处）望去，游人首先会看到两行橘树和高大的装饰花瓶中生长着的鲜艳花朵。这些花卉从瓶中伸出微微倾斜的枝条，在花枝之间悬挂着木质的栖息架，上面停歇着色彩斑斓的鹦鹉；支架悬挂得足够高，以使得游人不会惊扰到鸟儿。橘树为门廊以及延伸而出的整个庭院提供了一条绿荫匝地，清香扑鼻的环形散步道；步道由花架镶边，花架之间散布着一些壁龛，形成一些小厅，并提供了一窥园内景致的视点。柱廊由玻璃门联通至真正的室内大厅。 [194]

　　从房屋背面，沿宫殿侧翼向南延伸出一排温室（总平面图中b点处）；它的窗户在夏季会被卸下；但在所有季节，这里都是枝繁叶茂之地和鲜花铸就的拱廊。所有房间都能看到室外，并且通过与窗户极其搭配的漆金木格栅，游人也能很容易地观赏到温室内的景色，当然你也可以通过走下分列两侧的台阶中的任意一处，来到温室之中观赏。

　　在温室前方是第一个花卉园，它面对着山坡，在山脚下展开，一直延伸到露西湖（Lake Lucie）边。 [195]

　　露西湖围绕着整个宫殿前广场。在坡道之下，它通过一条由黄色的黄铁矿石块和蓝色煤渣砖块所砌筑而成的水渠形成一个贯通的整体。

　　在设计这些花园时，我几乎是全凭自己的喜好，无所畏惧地将规则式和自然式结合在一起，并希望不要破坏园林的整体和谐。

　　诚然，在局部平面中的风车形中，你会看到一个标在五角星中间的字母H，其中的长方形，象征着一位犹太教高级牧师的胸甲；以及由不同的种植床所组合而成的丰饶角图案和巨大的花朵图案。字母S所标出的位置由玫瑰和勿忘我（forget-me-not）所拼出的孔雀翎毛，或许看起来有些奇怪，虽然实际效果其实相当丰富而且具有原创性，并且它不会比那些时常在优雅的女士们所办的沙龙里出现的大巴扎式的陈列品更加混杂。附图XII展示了从瞭望塔的阳台所看去这片场地的部分景象。而在花圃中间的小亭子（gloriette）[39]前伫立着两座半身像。这是我的生命旅途中所遇到的最可爱的两位女士。** [196]

　　再往上一点，在三株老椴树（平面图中c点处）覆盖下有一处被丰富的陈列品围绕的园地，它也是整个花园的最高点，此处视野开阔，宽阔的湖面、相邻的娱乐场地、对面小镇阶梯状的花园以及上方的博格村都一览无余。湖水冲刷着陡峭石墙的基部，而在其顶端则是一处不小的聚会场地，夜幕降临时，这处广场将会被五颜六色的灯笼所照亮。

　　稍远些坐落着一座玫瑰园（Rosary），一处玫瑰花床中种植着大马士革玫瑰和黄杨木，

＊　为了更好地引导读者，我将花园的一部分，也就是靠近宫殿的三个花园按照比例做了放大平面，并以相同的位置对照总平面进行了标注，详见平面图C。

＊＊　因为承认美并没有什么值得羞愧的，并且因为在美的领域里，阶级和出身都变得不再重要，我将以好奇心来定义它们（美）：两座雕塑中一座是阿罗普斯伯爵夫人（Countess Alopäus），另一座是罗斯伯爵夫人（Countess Rossi）。

[197]
周边环绕着石榴树（pomegranate trees）；玫瑰园与温室相连，温室中那座被盆花所包围的宽敞壁龛可作为另一处社交场所。温室附近的灌木阻挡了几乎所有方向的远景视线，只留下水平伸展的阔叶树荫下水景的一角（见附图XIII）。在这块区域的一侧，有一条鹅掌楸（tulip tree）形成的拱廊，为其下种植的康乃馨提供阴凉。一座石阶通往水际，那里停泊着一些轻便的平底船，对于时下流行的划船活动的爱好者们来说，他们可以尽情穿越平静的湖面而再也不必担心暴风或晕船了。

接着，我们将来到瞭望塔前的一处开阔地带。在这里，茉莉和蔷薇沿着亭架和塔身上的栅格网架向上，一直爬到阳台的边缘。此处可从另一个角度欣赏湖泊最长的一条透景线，其上两座桥梁和一座瀑布使之显得更加优雅动人。从这里，游人可穿过一片灌木丛，到达一处装饰性的广场，即总平面所示的大写字母S处。这里还有一处鸟屋，以及一片巨大的孔雀翎毛造型的花床。越过花床，前方则栽植着一些温室培育的花卉，一直延伸到

[198]
前文提到过的水渠（平面图中d所示）。在炎热的夏季，这里有一处喷泉为花园带来清凉的气息，并提供一处静谧隐蔽的小空间，人们可以在此"与自己的思想共处"，就像我们常说的。或者更通俗地说，在此午睡片刻，柔软的苔藓睡床和连绵迷离的光线都在向你发出邀请。

读者们，请允许我在此打断一下，对花床的种植和合理组织简单说几句。

不幸的是，在尼斯河谷，我不得不同恶劣的气候做斗争，我因此只能选用半耐寒性的灌木，例如某些品种的金雀花属植物（Cytisus）、蜡梅属（Calycanthus）、紫荆属（Cercis）、扁桃属（Amygdalus）、和木槿属（Hibiscus）的一些品种，八仙花属（hydrangea）、杜鹃属（rhododendron）、香蕨木属（Comptonia）等，并且我得在冬季对这些植物进行覆盖，否则它们很容易受冻害。而那些更加柔弱的植物，比如枫香属（Liquidambar）[40]、木兰属（magnolias）、映山红（azaleas），甚至是卢李梅（Prunus Lusitanica）（在英格兰已属极耐寒的品种！）、木瓜（Pyrus japonica）[41]、荚蒾属（Arbutus viburnum）、忍冬属（Ilex）以及一些仙女座（andromedas，一种铁线莲品种，译者注）等，这些植物都需要栽植在合适的容器中，并且每逢冬季到来都需要搬入室内。因此，我更钟爱那些耐寒的花灌木，虽然他们看起来似乎更加常见。我们必须尽可能抑制住那种时

[199]
常且过分地想要强迫自然按照我们的意志做出改变的冲动。因为哪怕是最为寻常的，盛开的红荆棘，或是一丛金银花（honey suckle）若是能在合适的气候中生长，也远比那些饱受异国气候摧残的植物看起来要美丽得多。我常常将观赏植物种植在容器内，并置于永久性的种植池中，这样做既可避免对草坪的破坏，也可以让这些陶罐或花盆看起来不至于太过突兀或丑陋。例如在一个半圆形座椅的背后，围绕种植着夹竹桃（oleander）。我命人筑起了一座开敞的石槽，夹竹桃被种植在与石槽形状相似的长盒子里，由于它们的枝下高很低，从外部看起来，就好像是直接种在地平面上一样。单株的石榴或其他树木可植于造型适当的装饰性容器中；并可用类似设计的花盆做容器，种植花卉置于栽植树木的容器中，以隐藏起树干，只露出中心的树冠。然后，我们可以用漏斗状的石刻配以铁艺联接件围绕

[200]
树干，并在缝隙中填充泥土，以满足蕨类植物和低矮的盆花等的生长要求。当深秋季节，这些适宜温暖气候的植物需要被替换时，可选用一些更加耐寒的品种；或是用花篮盛装抗

冻类的盆花，例如紫菀属植物（asters）等。种植池须有足够宽度，以保证空气能畅通地进入花盆内，有些花盆埋入土中的部分应不超过其高度的一半。

我曾经大略提到过，对于大片相似色彩来说，应增加更多不同的颜色来进行调和。而对于花色的搭配，为简洁起见，在此我仅以上文提到过的风车图案（平面图B中e所示）、带有字母H的五角星图案（平面图B中f所示）、蓝色花园中西洋跳棋盘图案（平面图中g所示），以及丰饶角图案（平面图B中h所示）的花坛为例进行说明。

e点的风车图案最早盛开的是黄色的番红花，然后会替换成夏季花卉，以使得整体上形成放射状的色彩渐变效果；中心是较深的颜色，四周的色彩逐渐变浅，沿风车图案发散变化。*最后，这里会种上翠菊（*Aster chinensis*），它们将一直开到秋季，而通常情况下到那时我们的乡村生活就该结束了。只有那些到此打猎的人们才会继续留下，除了"野兔送来的鲜花"以外，他们对其他的花朵都不感兴趣。越过风车图案的花坛，是两个圆形花篮，那里会先种植重瓣的深黄色桂竹香（double wallflower），然后再代之以红花半边莲（*Lobelia cardinalis*）。 [201]

风车图案对面是五角星形的花坛（平面图B中f所示），先种下重瓣郁金香（double peony tulip）。然后是从花盆中移栽来的浅红色天竺葵（geranium），这些天竺葵也将一直开到秋季。这个花坛被四个花篮所围绕，这些花篮中将先简单地种植浅色系的郁金香，但为了保证其后续观花效果，其中两个花篮会种植麦秆菊（*Helichrysum bracteatum*）[42]，围以马鞭草（*Verbena aubletia*）。而其他两个则种上天芥菜（*Heliotropium peruvianum*）[43]。如平面图B上g点所示的长方形（位于蓝色花园中）先尽可能密地种上重瓣风信子，并按四种不同颜色种成并列的四块。之后再更换为按照另一种形式种植的三种不同色彩的千日红（*Gomphrena globosa*）。[44]平面图B中h所示之丰饶角图案以黄色龙头花（*Mimulus guttatus*）[45]组成的花带为边界，并且需要通过不断地移栽换新来保持其效果直到深秋。号角的其他部分则由蝇子草（*Silene bipartite*）、三色堇（*Viola grandiflora*）和半边莲（*Lobelia ericoides*）组成。为了让丰饶角图案中从号角喷涌而出的鲜花在整个夏季都维持其最佳效果，我将大量各色盆花按设计摆放在一起，并用苔藓镶边，还使用了一些小型贴地植物，以软化花带边缘。** [202]

按照惯例，所有如此复杂的造型花坛都需要以修剪整齐的黄杨篱进一步围合出清晰而固定的边界，仅仅靠花卉是无法做到这一点的。然而，对于那些独立的，形状简单且较为规整的植床，如圆形、椭圆形、长方形植床，假如我没有选用编织围栏的话，我会选择较为合适的低矮花卉作为边界。但我绝不会使用同样的方法去处理按不规则形式种植的灌木丛边缘，因为这样会让种植效果看起来过于僵硬，有违其初衷。 [203]

用作攀援植物支架的铁艺结构有多种形式，不仅非常美观，而且能让植物从各个方向垂挂下来。在英国，这种铁艺构架的成品包括拱券、入口门廊、伞形、柱形、方尖碑形等多种造型。而在德国，我们则需要技巧娴熟的铁艺工人根据图纸专门定做。在所有藤本

---

*　园丁们会恰当地估算花卉更换时间，这是很容易理解的。

**　如果花园中少一些这样的装饰，那么开花植物所形成的序列感将会更加清晰和丰富。在此，我仅提供一种改进的可能。

植物中，尤以紫藤⁴⁶观赏效果为佳，它那饱满的蓝色花絮从铁艺网架上垂下，如附图XIV，图1拱券式种植；图2中与靠壁蔓（Cobaea scandens）一同种植形成的装饰性入口门廊；以及图3中镀金的光环状构架，许多不同品种的铁线莲（clematis）攀爬其上；或是图4中由镀金的铁艺树枝所编织成的蓝色花篮，其上缠绕着红色的凌霄花（Bignonia radicans）⁴⁷；图5中所示是一个花篮，其边缘是一些陶土色的树叶造型，这些"叶子"有面向土地的锚点，能够很容易地被固定在地面上，也能被拔出来移往别处。它是一种经济、坚固、招人喜爱且引人注目的边界装饰。

[204]

感谢读者们的善意应允，希望我没有耗尽你们的耐心，现在我将回到我们的旅程。继续向前走，并登上一座台阶（如平面图B中i点所示），它将引导我们来到一处巨大的宫殿坡道，在此我们需要稍作停留。正如我们在平面图中所见，这处从两侧坡道的中间伸展而出的台阶宽达40英尺，沿15级花岗岩台阶拾级而下，就可以到达宫殿前的草地保龄球草坪。顺着台阶方向，更远处是四块刺绣花坛，轴线的端点有一座阿里阿德涅（见注释38，译者注）的巨大雕像。她斜卧在基座之上，被缠绕于金色立柱之上的玫瑰花丛所环绕。从这片装饰性的前庭往外看，游人会注意到远山以及这处宫殿所统御的广阔领地。而此处却看不到隐藏于水坝后的河流，这或者也可以看做是保持景致多样性的需要；宫殿本身已经提供了从其他三面观赏水景的视角，所以这里没有必要再设计一处观水景点。取而代之的是中等距离的视景线，简单地透过一片从宫殿延伸开来的广阔的绿地，达至分隔娱乐场地

[205]

和庄园的铁围栏。这是一片过渡地带，以花灌木和一些花丛所装饰，更远处则是一片纯净的牧草地，牛羊悠闲地散布其上，透过高大树木的枝叶所形成的景框看去，群山和建筑仿佛都显得比实际上更加遥远了。越过这片中景，你将会从遥远的河流尽头看到远处的山脊，以及分布着星星点点的灌木丛的高原。这一视线曾经完全被一片高大的椴树所阻挡，后来被我清理出来。读者们也许已经从附图II中见到过它的景象了。我对如何打断这片椴树丛极其慎重，甚至专程从英格兰邀请了小雷普顿前来，想要听取他对这一重要节点的改造建议。诚然，相比于风景造园师而言，安迪·雷普顿先生⁴⁸或许更擅长于建筑师的工作。而且我必须承认，除了希望获得他对于穆斯考园总体规划的建议以外，对于其他方面我并没有更多的希求（部分原因详见德文原版第18页）。但我还是对雷普顿先生所展示出的强烈意愿，甚至可以说是热忱（这一点与英国的习俗很不一样）致以最高的敬意。出于这样

[206]

的热忱，他骑着我心爱的矮种马跟随我一同踏查。我雇佣的另一位有着崇高声誉的英国造园师在技术方面起着重要作用，但是一旦放任他按照自己的意愿行事，他就会过于沉溺于对传统的偏好中。在许多类似的情况中，我始终无法让他明白，不是所有的树丛都或多或少地需要按照跳棋棋盘的形式来种植。他向我保证说，这样的形式在英国人看来是最好的（这的确是真的），他为此而感到困扰。此外，由于我发现对于这些英国人来说，充分理解德语常常是极大的障碍，我不得不很快送他回国，在此我只想通过这件事提醒那些或许会和我犯相似错误的人们。

我的首席园艺师瑞德（Mr.Rehder）先生是普鲁士园艺协会（"Preussischer Gartenverein"）的会员，他毫无疏失的工作和对我规划意图的专业理解为我提供了远超预期的优质服务。在帮助我解决园艺师所面临的众多难题方面，尤其是在应对我们所处的德

国北部寒冷地区的恶劣气候问题时，他当之无愧地扮演着重要角色。

之所以要强调这一事实，是因为现在有太多"我们亲爱的德国同胞"——那些来自中 [207]
产阶级的园艺师们，由于他们的自负而倾向于反对那些最佳的引导。他们越是了解掌握科
学知识，就越是容易认为他们在美学方面也同样可以为所欲为，并且想当然地无视那些老
师傅们的实践经验。于是，相比运用自己的知识来为实现他人的艺术理念提供支持，寻找
出路；他们尝试改进所有东西的努力，也几乎毁了所有东西。要找到一位睿智、坚定并且
专业、动手能力强的园艺师远比我们预计的要困难。所以，如果能在我们新开设的园艺学
校中多考虑增加这样的培训将会是一件极其有益的事情。处在入门阶段的年轻人如若过于
野心勃勃，自视甚高，是不会有多大出息的。容我半是玩笑半是认真地说，像我一样的园
艺师们，应该少一些浮士德（Faust，欧洲中世纪传说中的人物，为获得知识和权利，向
魔鬼出卖自己的灵魂，译者注）式的"孜孜不倦的灵魂"，而多一些他那些好学生［例如
瓦格纳（Wagner）］的美好品德。不像浮士德，他至少不会咒骂土地，或缺乏起码的耐心
和顺从。

我们上一站停留的大台阶，也能在斯金科的图纸上看到其设计意象。台阶两侧的坡 [208]
道，有着10英尺长的歇息平台，两侧摆放着种植在容器内的橘树。每两棵树之间安置有一
座顶部安装着灯笼的铁艺柱台，这些灯柱被固定在石台阶的边缘处，且由独立的、花环式
摆放的盆花联结成一个整体，为突立的橘树提供了必要的稳定基础。在节庆时分，也可以
换上彩色灯笼，从橘树的绿叶之间透出的灯光会形成非常美丽的效果。有铁链将这些树和
步道分隔开来。附图XV展示了从草地保龄球草坪眺望宫殿及坡道的景致。

沿着左侧坡道向下，我们将会进入一处灌木丛。在这里，一座装饰性的园门将引导我
们进入第二个花卉园，这里完全是另外一番景象。与其他景点相比，最与众不同的是这座
被称为"蓝色花园"的园林，从围绕着它的戟形铁柱与锁链，到花篮、小桥、座椅等园内
一切设施都是铁艺的，并被漆成了天蓝色和白色。

新挖掘的尼斯河支流从花园中心穿过，河流的一岸是茂密的树林，另一岸则是成丛的
高大椴树；只在枝条之间，偶尔闪过几处零星的天空。这样的围合感完美地烘托出椴树林 [209]
本身的神秘与隐蔽。前面所提到的围绕宫殿的辽阔全景被完全遮挡，游人此时只能从树顶
见到覆盖着森林的连绵山脊。作为该地的主要特色，一些古老而巨大的橡树孤独地矗立于
那些最高的山巅。

在离入口不远的一处高地上，有一张被鲜花围绕的长凳（如平面图B上k点所示）；
此处，透过椴树的枝叶望去，场地中央的一座小山被作为未来毅力神庙（Temple of
Perseverance）的选址，而如今，山顶上还只有一座柱廊和一处凉亭。

在刚刚提到的长凳下方，靠近一侧的水岸边，是一座由椴树修剪而成的浓密、阴凉的
壁龛（如平面图B上l点所示），以及一处小型渡口，用于快速通达河岸另一侧的树林。到
了夜晚，一座形状特异、闪耀明亮的灯笼形成环形铁艺编织座椅的中心装饰物，使得这里
成为夜幕中哪怕相隔遥远也能被看见的景点。

壁龛背后，一条小径将会带你穿过一座前文描述过的铁艺拱廊，进入第三座花园，它
被称为"领主花园"（lord's garden）。小径沿河蜿蜒，构成了花园一侧的边界。入园后， [210]

你很快会进入一处轻快的形似神庙的休息区（如平面图B中m点所示），四周纤细的铁艺立柱爬满了各种铁线莲。这里的透景线主要是向西面和北面；向西可以看到远处的小镇，以及位于高地上，庄园边缘的农场；向北望去，草地上蜿蜒的河流清晰可见，河岸上一些从其他视点无法看到的区域也显现出来（见附图XVI）。在花丛一侧的一片草坪上，坐落着另一处休息场地，它由一些倒插于地面的树干所形成，树根被编织成了花冠状的座椅。在网状的树根之上装饰着铁线莲、蕨类植物和各种盆花，形成了独具特色的别致样貌。最后

[211] 一处停留点位于四棵橡树之下的瀑布旁（平面图B中n点所示）。河水在此处激荡着，顺着一座打磨光滑的石墙急速跌落。从这里，我们将调头向宫殿行进，穿过由灌木、花卉以及一切花园装饰所组成的不同空间，走过草坪。你可以将出口暂时忘掉，因为在这里我们将经过马厩、赛马场、剧场（平面图B中o所示），任何对这些活动感兴趣的人都可以停下来仔细游览。

我并不想再做过多赘述了，所以请允许我跳过其他数量众多的游线，它们不仅分布在围合的娱乐场地以内，也存在于更加开敞的园林范围中，现在我要邀请我亲爱的读者们在花园沙发上找一个位置坐下来（花园沙发，也拼作ligne，人们可以散坐其上，并能向外看到所有方向的景色），并开始……

游园路线一

这段旅程将始于宫殿。因为前面的介绍已经给了读者一个比较系统性的总体印象，所以我们不会按照我先前提到的历史序列来游览，而是要选择另一条能够提供更多维度，更

[212] 多样化的愉悦体验的路径。那些仍然希望能更有条理地游览园林的人们，依然可以参照这一基本思路，尤其是园中的步行小径，相信会有对此有所帮助。

从宫殿开始，我们将首先游览（请跟随平面图中黑色箭头所示方向）柑橘温室（如平面图B中p点所示）。该区的详细设计可参见平面图D。从第一座柑橘温室（1）中部的大厅向外望去，可以越过一个种满杜鹃的大型花篮看到一片大约1000步长、由百年以上的老椴树构成的树丛。在冬季，大厅的两侧视线所及是成片的橘树，一直到尽头的加热温室（hothouse）。而从这里开始，我们将进入一座长廊式的花房（2）并进入一系列加热温室。在花房的左右两侧是冬季花园（3），这里在隆冬之际依然美丽迷人，它的背后是露西湖以及瞭望塔和远处起伏的群山。我们现在可以进入加热温室（4），它的前方是一处由格网状的围墙所围绕着的花床（5），它的旁边是巨大的餐厨花园（6），再旁边是催熟苗圃（forcing bed）（7），花园庭院（8），首席园艺师住宅，第二柑橘温室（9）；用于存放所

[213] 有有碍观瞻但又是花园所需之物的储藏室（10）和（11）——所有的棚屋、修理库房以及类似的建筑都聚集于此；以及在花园尽头的马厩旁，一片作为堆肥场的巨大区域（12）。这样的布局使得哪怕是菜园也能保持干净优雅，并使得在园内洒满阳光的小路上愉快地散步成为可能。在参观完这一切以后，我们可以离开房屋后的这片娱乐场地，继续穿过一片生

长着杂木林的草坪，向着从宫殿一直延伸到尼斯河的大草地前行，这片宽广的草地为人们提供了从宫殿主体建筑到它所面对的山脊之间的不同视野。其中的一些最佳观景点，我通常都会在路边放置上简洁的石凳加以标识。

再走一会儿，我们将进入一片沿河的树林。穿过树林，我们将登上一座样式质朴的小桥，桥下是一座毛石砌筑的水坝，横跨过新开凿的尼斯河支流，此处离河水注入园内主要溪流的入口不远。折回头上行，我们将爬上尼斯河谷的西侧高地。

[214]

从高地（平面图B中q点所示）向下望去，在一片橡树林旁，静卧着一座面积可观的湖泊，湖上点缀着绿色葱茏的小岛，背景是一片森林覆盖的美丽山坡。山下，靠近一侧是一小块空地和一座渔夫小屋，屋内有各种渔网和捕鱼工具，召唤着那些想要一尝捕鱼乐趣的人们前来一试身手。不远处，伫立着一座风格质朴的老式制蜡厂，它的一部分隐藏在灌木丛之后，并且与管理人居住的小屋，以及一个冰窖相连。那些喜欢长距离远足的人们，可以从这里沿着穿过茂密灌木丛的小径，到达尼斯河陡峭的河岸，并且将首先经过一处方便跃入河中游泳的平地，然后到达一处可以眺望如画风景的停留点。从那里可以看到长满树林的河岸，以及离此地大约30分钟路程，位于园林边缘，地图上名为Köbel处的一座桥梁（总平面图B中r点所示）。在河对岸，人们可以沿着荫凉、静谧的小径，经过英国屋以及其他一些受人喜爱的景点走回宫殿。

[215]

但我们将会沿最初选择的道路前行，经过一段不长的距离，我们将会到达娱乐场地的边缘，这是一片我还未曾介绍过的区域。在其入口处，是一座由哈里·格黑姆·拉斯·斯金科（Herr Geheimer Rath Schinkel）设计的色彩鲜艳的凉亭，越过鲜花覆盖的山坡（平面图B中e点所示）可以俯瞰山谷的美景。凉亭的一侧面朝附近的道路，另一侧则面向园林内部，并由拱廊形成四副景致各不相同的框景，就好像四幅画作一样。最靠近左侧的一幅，是我在本书51页（德文原版，译者注）提到过的，用于说明如何从多样性中寻找独特性的例子（图中n点和b点也是这种设计手法的体现），见附图XVII。临接的第二幅框景是一片点缀着高大树丛的开阔草地。尼斯河从草地中间蜿蜒而过，背景是一片单纯的、没有被任何建筑打破的硬木林覆盖下的山坡，见附图XVIII。第三幅框景中，距离此地一小时又一刻钟路程的宫殿建筑，仿佛漂浮于环绕着它的湖泊之上。偏于画面一侧，我们还能看到远处小镇的一部分，路德教友会教堂的塔尖高耸于树丛之上；以及更远处的地平线上，坐落于覆盖着茂密森林的山坡旁的拉克尼兹村（Lucknitz，平面图B中t点所示），详见附图

[216]

XIX。最后一幅框景则是位于博格村的，被两株巨大的橡树所守护着的天主教堂遗址（平面图B中u点所示）。

继续向前走去，我们依然还在被铁艺网格围栏所围绕的娱乐场地之内，这道围栏既是为了阻挡食草动物进入，也是自然和人工之间的分界线。它穿越过人工种植的硬木林和灌丛，一直延伸到高地，然后再逐渐沿山谷下降。接下来我们会来到一处场地，宫殿的西翼给场地带来良好的围合感。左转并向着老宫殿前行，经过一处树立着《尼伯龙根之歌》中的骑马英雄雕像的场地，和一个向东的急转弯后，我们将登上一座桥梁。桥梁一侧，我们将看到两座宫殿在湖中的美丽倒影（见附图XX）；另一侧则是一处瀑布（如平面图B中v点所示），由本地常见的巨大岩石砌筑而成。瀑布是按照我前述所介绍过的方法所筑，所

[217] 以岩石不会看起来像是从地底直接破土而出的（这种情况在本地不太常见）；而是好像被湍急的洪水冲到此处，遇到阻力才停了下来，留在这里形成现在的模样。此外，与下游一样，在溪流更上游处也散布着一些大块的岩石，创造出极具自然之美的水景效果。溪流的驳岸被茂密的灌木和水生植物所覆盖，我甚至在那些岩石的缝隙间也种上了草本植物，并用花盆种植蕨类植物放置在石缝间，使其看起来好像是从那里长出来的一样。这些努力使整个瀑布看起来更加丰茂、自然。相关的附图已在前文中提到过。

从瀑布再往前，我们就走出了娱乐场地，并继续穿过大草坪，沿尼斯河的支流展开我们的旅程，直到新挖掘的人工水渠与主要河流的分叉处。我在此修筑了一座水坝来控制流入水渠的水量。离水坝不远，有一座桥梁通往更远处的河岸。在此，道路缓慢地向上爬升，穿过一片树林，经过一片朝东的山坡来到尼斯河的右岸，并最终到达雉鸡舍（总平面图B中w

[218] 点所示），它还未完全完工。我按照一座土耳其乡村民居来进行设计，希望为这里创造一种独特的氛围。为此我想感谢凡·莫里尔将军（Captain von Molière），他在俄—土战争期间仿建过这样的建筑。建筑屋顶镶嵌着色彩斑斓闪烁的瓷砖，在雉鸡饲养人及其家人所需的住宅旁，是独立于其他建筑的大师沙龙。离开这里，我们可以登上一处台地（平面图B中x点所示），从金合欢树的枝条下，能望见整个雉鸡舍建筑群在我们脚下铺展开来，而从树丛之间一处宽阔的空隙，我们将看见远处的河流，以及通向索拉（Sorau）的主路上的柱梁式桥梁；更远处，则是温泉和铝矿及其冶炼设施。详见附图XXI。在围合的鸡舍中漫步是一件不无乐趣的事情。金色、银色和彩色的雉鸡被饲养在各处，在其下方的绿地中还有一处小型动物园，中间是一座凉亭，我们可以在那儿观赏雉鸡饲养。当管理员发出讯号的瞬间，我们将看到数百只雉鸡飞往同一个方向，带着滑稽的急切，争抢洒向它们的谷物，对人类的围观毫无

[219] 惧意。我原本想要把鸡舍置于上一个区，那里并没有被画进地图，我准备在那里种满常绿植物，以使它即使在冬季也美丽迷人，并且为这些色彩艳丽的鸟儿提供更好的背景。

在雉鸡舍的围栏之外，离它不远处，道路的另一边是一座小小的牛奶场。为方便起见，它就在宫殿的附近，饲养在那里的瑞士奶牛为宫殿里的居住者提供新鲜的牛奶。不远处，一座高耸的索桥跨过一处18英尺宽的深谷。桥的另一侧，一棵老橡树下，出其不意地展现出西北面尼斯河谷的宏大视野。在其前景中，突出于山坡的一块平地上，坐落着按照英式风格修建的牛奶场（平面图B中y点所示），以保证它所出产的各种奶制品能够在尽量清凉和优雅的环境中储存和制作。尤其是在长时间的漫步后，这样的休息处正是我们所需要的。

也许好多人都不清楚牛奶场到底是什么样的，在此让我来简要介绍一下。它其实是一座简单的凉亭式建筑，中间有一个水盆，盛着牛奶的盘子可以漂浮其中。可供休憩的桌椅散布水盆周围。

[220] 凉亭的窗户都用彩色玻璃装饰，各种奶制品被盛装在来自中国的精美瓷碗中，在操作台上摆放成美观对称的造形。围绕着凉亭还种植着一些芳香而低调的花卉，如紫罗兰（voilet）、木犀草（mignonette）等。

下一处需要在我们的旅途中留意的景点是毅力神庙（平面图中z点所示）。从牛奶场穿过的一条小径也通向那里。这是一条僻静的小路，被浓密的灌木所覆盖，阳光几乎无法穿透植物的枝叶，只能给绿色的树冠镀上一层金色。一条山溪欢唱着穿过树林。在林中最隐秘处，是橡树枝条编织而成的质朴小桥，山溪被类似前述溪流做法中的巨大的岩石分成

了更多细小的叠水。在命名这些小径时，我选用了许多参加过它们的落成典礼的女士的名字。在每条小径的入口处都树立着一块雕刻有铭文的石头，不仅提到这些名字，也为游人更好地指明方向。

　　游人可以乘车从大路或步行沿小径到达神庙，但无论是沿哪种路径，都只有在最后真正来到神庙前才会注意到它。因为它几乎完全被隐藏起来，直到你沿着一条为了制造这样的惊喜效果而精心设计的小径，穿过一小片橡树林，才会突然发现它。当你真正进入神庙，这里的景致才会透过耸立于花岗岩基座上的西里西亚（Silesian）大理石柱展现出来，而神庙的屋顶则是一座镀金的铁艺穹窿，其上装饰着一只展翅欲飞的雄鹰。[*]从神庙后墙的座椅处向外看去，四周的景色将尽收眼底。靠近右侧，你将看到渐渐消失于丛林中的河流，正前方则是宫殿的正立面及其两侧装饰美观的坡道；而视线的左侧，则是磨坊、水坝以及它所形成的叠水，潺潺的水声从远方传来。详见附图XXII。　　　　　　　　[221]

　　除了立于中央的一座青铜半身像以外，神庙本身将没有任何装饰。我决定立我们的现任国王弗雷德里克·威廉三世的塑像于此——这位在任何方面都值得我们敬仰的，拥有"毅力"这一时代美德的楷模——他代表了这座神庙所供奉的精神信仰。一座丰饶角悬于雕塑上方，将无限的寓意倾泻其上；到了夜晚，它将照亮这位受人爱戴的君主的头顶。详见附图XXIII。一座被铁艺围栏围绕的几何形花园，在神庙台阶下展开，同样充满了寓意，对善良与节俭的坚持将永远根植于我们的心灵之中，佑护着我们，就如这围绕着神庙的玫瑰花床一样，愿这毅力之花也绽放在我们的心中。　　　　　　　　　　　[222]

　　跨过第二座深谷上被称为"王子桥"（Prince's Bridge）[**]的桥梁，我们将进入一片森林。从这里开始，将不再有可以眺望远方的视线。先向上走一段，然后再朝着河流的方向下行；经过一段由粗糙树皮覆盖着的橡树枝所筑成的桥边小道（见附图XXV），继续沿河流前行，并穿越一片广阔的草地（这里曾是一片无底的沼泽），此地被称为"厄尔草地"（Erl-Meadow），是为了纪念厄尔贡（Erlkönig）。[49]然后重新上行，在道路最后一个拐弯处，我们将会看到英国屋（平面图B中aa点所示），它显示出不同于前述神庙的质朴随和的气息。前景处一座小屋被玫瑰花与野葡萄所围绕，其中的几个房间是留给庄园主人的。在房屋左侧的阴影中，从树枝的缝隙之间看去，可见一片保龄球草坪。草坪旁边，三座枝　　[224]　　　　　[223]

---

[*]　再一次地，为了避免任何的误解，并且为了避免一次又一次地打断叙述，我不得不重复一遍，按我原本的计划，这座神庙应该在我写作本书时已经完成，但现状并非如此。

[**]　这座桥梁得名的原因是为了纪念我们所在地区历史上发生过的一件最令人愉快的事情。那就是我们尊贵的王子殿下曾经莅临并参观了穆斯考。我极为荣幸能够陪伴尊贵的殿下游览穆斯考园。我们的王子真是一位富有远见的行家，他精确地指出一座通往干枯的峡谷尽端的桥梁显得不太美观，与其显露出来，不如将其隐藏起来更为恰当。

我自己也感觉到了同样的问题，但却不知道如何纠正它，因为通往桥梁的小路由于某些原因无法进行改动。王子殿下于是建议我将整座木桥的栅格网结构之间用橡树苗的枝条进行缠绕，并让其与野葡萄藤一起生长，从而将桥梁隐藏于一片绿色之中，而其下的峡谷看起来会像是处在一座自然的林荫之下。

我遵从了这一建议，其结果是不仅以最完美的方式解决了这一问题，而且为这处风景增添了某种本质性的美感。详见附图XXIV。

叶浓密的壁龛为客人们提供了聚集休息的场所，使他们能尽情享受自然，在户外环境中放松身心。中心壁龛的两侧装饰着镜子，镜中倒映着附近最为美丽的风景。

临近的另一座小屋被用作咖啡馆经理的住所，并且也能在突遇暴风雨时，为客人们提供临时住处。小屋的另一侧是一处凉亭，以及一个小型舞厅和两个游戏室。再远一点，是为神枪手们准备的枪靶，以及给手枪射击准备的场地，就像在巴黎的拉帕格（Lepage's），派拉蒙（Pyrmont）以及其他一些地方的类似设施一样。

[225]
在对面的山坡上，一座由粗犷的原木和树枝筑成的小屋隐藏在一片灌木林中，庄园主人可以在此欣赏本地人的自娱自乐，又无需靠得太近。在这幅生动活泼的前景之后，是科柏恩（Köbeln）村以及附属于它的、位于园林边缘处的大片草地。所有一切都与周围的景观和谐相融。一座钟塔耸立在村庄中心，每当黄昏时分，它那悠扬的钟声就会飘扬在村庄上空，昭示着夜幕即将降临。而在这样的时刻，那些田园诗的爱好者们，就能欣赏到牧羊人们赶着他们的牲畜穿过草地，农民们在匆匆归家的途中，和着迎接他们的钟声愉快地唱起歌来。

整个片区，包括一些穿过灌木林的小路，都被树枝编织成的篱墙所围绕，使得它看上去有点像是"娱乐场地"，但却没有后者的精心管护之态。那些灌木林在春季会因为夜莺的歌唱而更加富有生机。其景色详见附图XXVI，附图XXVII则表现了从这里向外看去的风景。

现在，我们将从英国屋出发，爬上此处最高的一座山脊。首先映入眼帘的将是哥白林居民点（平面图B中bb点所示）以及围绕它的田野和平原。随后，它们将逐渐消隐于森林之中，慢慢显现出益发森严与寂静的景致；只偶尔于树丛之间，闪现出远处瑞森博格（Riesengebirge）[50]山脉的影子。最后，我们将来到城堡区域，以及一处画有遗世独立的圣母像（Mother of God）（平面图B中cc点所示）的岬角，这是基督教所有圣物中最为亲切温柔的形象。再过去不远，就是我们计划修建葬礼教堂的台地（平面图B中dd点所示）。详见附图XXVIII，该图由斯金科（Schinkel）绘制。

[226]
这座教堂将会拥有八扇来自古老的莱茵河畔的博帕德（Boppart am Rhein）城市教堂的窗户，我在早先的旅行中极其有幸地收集到它们，一些鉴赏家相信它们是绘制科隆大教堂装饰画的同样一群艺术家的作品。而主祭坛上的耶稣受难相将会是汉莫斯克（Heemskerck）[51]的作品。

我的属地范围内的几座村庄以及小镇上都居住着天主教徒，而他们没有属于自己的教堂，并且无法常到两英里以外去参加弥撒，因此我也计划让这座小教堂能为他们服务，虽然它的主要功能还是用作穆斯考家族领主们的墓地———一处纪念物。我精心选择了这处场地，它有着与宫殿的永久性的视线联系，并保持一个令人惬意的距离（就好像离我们远去的人仍然存在于我们的生活之中），而又不至于（或者说不应该）引起那些失去亲人的人们过度地忧思。

从附图中（XXVI）中可以看到在教堂旁边还有一座教堂司事居住的小屋和一个小花园，教堂前则是一个开阔的庭院，这个庭院被修剪编织成拱廊状的椴树丛所围绕，并且以本地两位名仕的名字来命名，他们是我的好友，哲学家格瑞佛（Grävell）[52]和作家利奥波德·席福（Leopold Schefer）[53]，没有什么比文学和哲学更适合作为宗教的同伴了。事实上，

[227]

最本真的宗教往往是两者的完美融合。所以，如果有一天能在以我的好友们命名的、围绕教堂庭院的这处步道上放置上诗歌女神与哲学女神的雕像，那将会是极其合适的装饰；而教堂本身将会成为联结这两者的存在。在这样一个神圣的处所，我想有必要撰写碑文来记述它的重要意义，我选择了以下诗句，一方面是出于我本人的信仰，另一方面也是出于这座教堂的修建目的：

> 为沉睡于此地的
> 我们所爱的人们，
> 愿你们的灵魂
> 依然在这片受到庇佑的永恒之域，
> 漫游，生长，
> 永在创造，永在形成，
> 无限地联结，转换，
> 如神一般地生活着
> 与上帝同在。

　　紧靠庭院的院墙，有一座在此被发现的古代的祭坛，它的左右两侧雕刻着祖逊博（Zeutiber）和斯万提维特（Svantevit）的战马[54]，代替了基督教的圣坛上天使们为了拯救人类而征服的龙。在教堂正殿的尽头，你将看到前述提到过的木质圣坛，其上绘有鲜艳的色彩与描金。这件美丽迷人的作品出自一位老工匠之手，正殿两侧还有两座用于家庭葬礼的小礼拜堂。在正殿中轴线靠右处是一座讲坛，在后续设计中，它将会按照西里西亚的一座古老教堂的讲坛来建造。手捧十诫的摩西和抱着用于祭献的山羊的犹太高级牧师，被以真人比例雕刻于讲坛基座上，以象征我们的宗教信仰根源。在他们之间，伸出一截缠绕着纤细的网状螺旋阶梯的树干，在最顶端绽放出三朵巨大的百合花，形成讲坛。三座圣者的塑像隐现于百合花瓣中，分别代表着信仰、希望和仁爱。而讲坛的华盖上，则是右手持着正义与邪恶量尺的公正天使（Angel of Judgment）。围绕讲坛对面的一颗石柱，是金牛犊和跳着舞的以色列人，他们无不表现出一种极为轻松愉快的神态，这正是对人类最大的贪欲的永恒而醒目的警告：不要去向财神（Mammon）乞告。在高大的祭坛背后，沿着一条铺着地毯的门廊往下，通过一段不长的过道，是一处幽暗的神庙，尽端墙上的壁龛依稀可辨，里面是一座阿波罗·贝尔凡德罗（Apollo Belvedere）的塑像，他被从头顶与两侧照亮。

[228]

[229]

　　我希望那些明辨是非的人们不会觉得我将太阳神阿波罗的神庙以及对他狂热的崇拜，置于这样一处紧邻着基督教教堂的空间当中是一种不敬的行为。因为我是如此热衷于努力赋予大一统的宗教信仰以实体形式，我感到将这些宗教中最为崇高的花朵——基督教教堂，与希腊众神这种作为原始异教最早根源的回响，并且是作为一种回忆录的，经过最为精致的提炼、世俗化的宗教信仰，通过某种方式联结起来是一项极其恰当的尝试。所有的信仰中都存在着美好圣洁的部分，上帝宽容地应许了它们，并且一直到今天还在接受新的。所以，为什么我们还要谴责他们（指异教徒，译者注）对往昔的追忆，哪怕我们如今对此有了更加深刻的理解？这些异教信仰被置于此处并不是为了宗教崇拜，而仅仅是历史流转的一种证明。

[230]

———— ◆ • ————

从小教堂出发经过约一刻钟的行程，我们将来到一座石桥，它的五座尖拱跨越过一条120英尺宽、40英尺深、被常绿植物所覆盖着的峡谷；而它将指引我们去往城堡（如平面图B中ee点所示）。在本章开头我已描述过此处景色（见德文原书第173页）。现在，这处计划用来建造新建筑的场地，也仍然还只是一处被杂木林所环绕的休息场地。所以我们将通过台阶走向更高处的拥有开敞视野的一处观景点。关于城堡的建筑计划，我仍然要倚赖我受人尊敬的朋友斯金科的努力，没有他无尽的才华以及同样无尽的善意，我将永远不可能将我的理想付诸令人满意的实践。

[231]

诚然，拥有这样一位好友绝不仅仅是"小幸运"，他为我们的家乡所建造的那些美丽作品，作为一个整体，值得被大胆地赞扬和感激。我时常会希望英国人中也能出现这样的灵魂。如果能把他们在艺术上所浪费的，没有任何实质收获的那些巨额金钱，拿给斯金科这样的人，通过他的天赋，来让他们的良好愿望和巨额金钱结出硕果，这将是多么美好的事情啊！纳什先生[55]所浪费的正是这样的宝贵机会，而如果给予斯金科，他将创造出多么优秀的作品啊！

但在我们的故乡，仍然有些事情值得慨叹。

斯金科的名声的确逐渐显赫，并且还在持续增长。然而许多不甚了解他的人们，依旧只知他在建筑方面所取得的成就，少有人真正了解他远超于此的广泛而值得称颂的天赋：他在几乎所有艺术分支方面都具备同等的匠心独运以及深厚实力，他那让毫无生机的岩石变成富有生命的纪念性建筑的无尽才华，也创造出最高贵、最多样的雕塑。同样的魔法还挥洒在画布上，他那灵巧的双手，绘制出最高水准的画作。

[232]

在此，我认为有必要就刚才所说的那些除建筑之外的艺术中最为卓越的创作之一——绘画，再说上几句。在我看来，自拉斐尔时代（Rapheal's time）之后，就少有见过这样的作品了。虽然对于本书的主旨来说，讨论绘画会显得有些遥远，或许园林不像绘画创作那般具有高尚的雄心。但从另外一个角度看来，绘画也不是与本书主题完全无关，而且也许某些读者会对此感兴趣。

我真希望能介绍那些原本计划要光耀柏林美术馆高大厅堂的伟大恢宏的艺术作品，它们必定会激起我们家乡的所有艺术家们的最高关注和最大热情，但它们的完成却因为某些莫名的原因而被大规模地推迟了。尽管如此，我们依然应该对我们仁慈的国王充满信心和希望，他为德国的艺术付出了无尽的努力，并使人民准备好迎接多少世纪以来所希冀的伟大作品的出现。这样一位国王是不会长久地封锁如此丰富的知识与愉悦的源泉的，尤其是对这个国家里受教育程度最高的那些人民。某些卫道士（sanctimonious）选择将弗雷德里克（Frederick）作为艺术之都（Great's capital）和他们的游乐场，也许是为了远离那些与他们艺术旨趣相异的人们。那里（指弗雷德里克，译者注）的清教徒甚至会极端到想要给

[233]

每个丘比特穿上裤子，为每座维纳斯披上披风才能将他们展示在公众面前，并且会公开谴责这些绘画作品中的裸体不仅本身就是一种极其不道德的行为，而且也是对本地神圣的大

教堂（Holy Cathedral）*的一种亵渎。按照这一标准来评判，我们的整个博物馆都应该受到诅咒，那里常年都在发生着"不当之举"；不分老幼，日常里都有充足的机会让自己习惯于那些裸体以及"希腊众神们"。[56]我们已经看过了那么多的基督教教画，那些数不清的圣人，以及对地狱酷刑的训诫等，以不同的形式与古代经典艺术融合；为什么基督教教堂就不能容忍斯金科的史前及历史理念通过化身为美好的人类造型与之为邻呢？难道紧邻梵蒂冈教廷的圣彼得大教堂里不曾有过同样"亵渎"的裸体壁画和雕塑吗？而天坛圣母堂（Ara coeli，位于意大利罗马的卡比托利欧山山顶，是罗马天主教的一座宗座圣殿，译者注）的圣坛背后也伫立着一座酒神巴克斯（Bacchus）的雕像，以及未着寸缕的普拉克西特利斯（希腊雕刻家，译者注）的维纳斯。但我似乎忘记了，相比于新教徒来说，天主教徒们也许还不够严肃，而教皇保罗对我们那些更加生机勃勃的信徒们（指新教徒，译者注）来说显然是太过自由开化了。我想使用日常生活里的例子，或许这样能更好地说明我的观点。难道我们的剧院（Schauspielhaus）不是已经与两座教堂友好地握手言和了吗？我们的舞者难道不是通过每晚尽其所能地呈现最佳的歌剧表演，来引领天主教和新教徒们，无论是虔诚的抑或是猥亵的，走进由人类身体所表达的神奇艺术世界？轻纱和薄袜一点也没有阻隔这样的学习，而且没有谁感觉到被冒犯。

[234]

[235]

相比于我们以上讨论的内容，更为重要和更加值得关注是对于斯金科的伟大作品能够被实现的期望，只要它们是在其创造者的指导下完成的。谁也无法预知，生命的火焰会在何时以何种突然的方式熄灭，哪怕是对于那些最为老当益壮的人们！斯金科不会永生，但他的作品却可以做到；如果它们有机会得到自由地发挥，并且不会在诞生之时就遭到窒息和肢解的话。

我想，这个话题最好还是留给那些比我更加有教养、更有判断力的人们吧。如果亲爱的读者们能允许我在此插入一段文字，它那敏锐的辨识力不仅雄辩，而且深刻。它绝佳的论述将会是我选择借用他人之笔[57]，并将成为本书最好的章节之一的最佳理由。

以上，我们简略地了解了斯金科的一些个人特质，这些特质完美地诠释了他的智慧与美德是如何让他本身成为与他的天才创作同样杰出的"上帝之作"的。智慧的作者继续道：

"爱，与一贯的严肃目的，总是会带来伟大的目标，亦即人性的发展。——那些想要追求不朽的人，只需坚持不懈地保持奋斗的激情，他们将逐渐模糊凡尘与永恒之间的界限。"——这来自光耀时代的伟人们所留下的遗言。

"歌德的愉快使命就是在他充满着青春的激情，开始去为崇高理想而努力奋斗的同时，找寻一位米西奈斯［Maecenas，文学（艺术）的资助者，译者注］，来为他全方位的天才得以无碍地盛放提供有力支持。而如能找到一位因受他影响而变得高尚，并能直接师从于他而不会曲解他的本意的人，那亦是他的幸运。就像一株大树，它开满鲜花的枝条伸出了国界，但依然从其所生长的故土获得滋养。歌德从一位始终钟情于他的王子那里获得了源源不断、生生不息的融融之力。王子的垂青使他成了他祖国的巨大财富，并拥有了一位不

[236]

---

* 同样一群迂腐的"更加圣洁的人们"最近还对在教堂塔顶安装电极天线表示过抗议。

[237] 可或缺的挚友。他的祖国毫无保留地接纳了他，并从他身上获得了孩童般无邪的快乐。我们可以肯定，终其一生，直到生命的最后一刻，他都感受着这纯粹的爱的激荡，并因此而跨越了生与死的鸿沟。这也应被视作一个证明：每一个植根于灵魂深处、不懈精进的创作火花，如要发挥其全部潜能、茁壮成长，都应该拥有一片爱与欣赏的沃土。而从一开始就拥有这样一种对创意的纯粹鉴赏力是与能够完成一件艺术品同样幸运的事情。——对我们所不能完全了解的事物给予批评也许会是一种罪恶：一种不为我们所熟识的理论会成为我们精神上至关重要的难解之惑；歌德那崇高、炽热的天赋对于他的王子以及人民来说也是一种神圣的谜题；唯有爱与热诚能够解开。就像歌德的时代需要诗歌来给予生命更宽广的维度和更深远的意涵；绘画与雕塑也在不断挑战我们的时代精神，以各种方式促进一种富有理想主义色彩的文化的形成。因此，接受任何天才的艺术并将这种精神付诸现实，而不是否认这种理想的崇高意义，去强化它并与之并肩前行，应当成为当代人的目标。"

[238] "在我们这些凡人之间，天才之作正以不懈的努力寻找它们的道路，大步前行，并清晰地显示出它们的丰富、威望与可靠。如果诗歌曾给予他（指歌德，译者注）力量来影响每一颗充满热忱的心灵，那么在我们这个不太包容天才的时代，也存在着一位这样的艺术家，他正一点一点地持续影响着所有的知识阶层。他不舍昼夜地不懈努力，使他能够将我们熟悉的意识与经验联缀成一条未知的无尽之链，并逐渐将平凡的日常升华为奇妙和与众不同，同时将手工技艺提升到艺术的水平。他最大的成就在于，相比于纯粹的满足功能需求，他从不轻忽任何一个表现美的机会。——他的纯粹而巨大的影响力无疑对我们的时代产生了持续影响，除了这样的卓越成就以外，他也是具有全然的想象力天赋的幸运儿。他

[239] 因此而能成功地辨认出我们这个时代最具有雄心的那些伟大作品。他为博物馆柱廊所绘制的壁画初稿将会为所有具有艺术鉴赏力的人们所欣赏，没有人不会被作品中所体现出的由纯粹的美所唤起的强烈情感所深深打动。壁画所呈现的视觉效果与它们的内容一样充满着童稚的天真，而创作出这样画作的心灵只可能被善意所驱动。——人类的生命，其命运和它的运行，被投映在画作上飘散在天堂的云朵之中。所有那些由于人类力量的增长而带来的历史不确定性，都被收容进一片夜色笼罩的、宛如预言般的梦境之中。青春的爱恋，慈母的关怀，战争与和平，智慧的推理，对于旅行的热望，理性的觉醒：这一切在我们眼前形成一条由迷人的，理想组合而形成的长卷，像是悬挂于树梢的成熟果实投映在镜中的影

[240] 像。转而向东，诗意而又充满预言魔力的凡间琐事从泥土之下涌出，好似赐福人间的圣泉，又似春天的种子。黎明的晨光倾泻而出，由信仰而生的单纯的愉悦仿佛清晨夜莺吟唱的赞美诗，为心灵祈福，并使人从这面对面的凝视中获得圣神的领悟。太阳终于升起，放射出饱含无尽启迪的光芒，将黑夜的幻境转化为白昼的真实与清明。——你还能想象出什么比这更能使一座力图融合所有真正艺术的博物馆（神庙）焕发出光彩的美好事物吗？而其中第二幅壁画似乎最令人印象深刻，它极具智慧与创意，是一件受到信仰之爱所激发的艺术杰作。它源于纯粹的无拘无束的存在，发挥出人类的天赋，并获得了巨大的成功；它未受偏见的阻碍，并且没有走向过度的风格化或其他相似的歧途。——光明从天堂降临凡尘，清晨的空气唤醒了春天的气息。田园世界中的女预言家，感受到预言的智慧充满她的心房；以及即将到来的盛夏，那正午阳光所带来的兴奋灼热。在此，音乐也是所有文化

中激发出灵魂潜力的要素之一。赛姬（Psyche，希腊神话中爱神丘比特所爱的美女，译者
注）拨弄着她的里拉（lyre，古希腊的一种弦乐器，琴身作U形，译者注），悠扬的旋律似
在倾诉灵魂的隐秘渴望；创造性的艺术降临于她，狂野的热情停驻在她的乐声里；牧童们
围绕在她周围，寻找人类文化最初的要义；并怀着相同的愉悦和惊喜，预见到它（人类的
文化，译者注）将在艺术的崇高庇佑下迅速成长。夏季孕育着收获，就像图中那多云的夜
晚所预示的一样；它是年轻人奋斗的季节，它以全面的福祉来褒奖努力的付出，它加速了
文明的成形。文明，以更加自信的姿态昂首阔步前行；未受拘束的潜能化为果敢和技能，
以及自控力；曾经的野性难驯现在也渐渐变成谦恭有礼；艺术不再仅仅是无足轻重的实
验，而是在向自身学习和创造的过程中，对自己所拥有的神奇力量更加自信。诗歌端坐于
生活的王座中央，任斗转星移、季节变换；它从命运之穴的深处涌出，如泉源溢流四方；
它那光洁的表面反射并美化着投映于其上的一切。当人类带着自我保护意识，对它奉承和
乞求，并沉着地解开命运的绳结——暴力地但同时也是平静地——它依然保持着超然的淡
泊。还有什么能超越它对艺术的美好颂扬？现在，我们将进入一片现实生活的场景之中，
所有的渴望和努力最后都获得快乐的成功。和煦的阳光催熟了果实，人类的灵魂将通过艺
术和科学进入哲学所带来的神奇的启迪之光，并且在自我认知中意识到其努力的成果。丰
收的果实已被装进夜色的围裙，并发出和平的信号；从战场归家的战士们走出家乡的山
林，这山林也定义着历史限域；胜利女神化作和风轻抚着她的花环，在他们的头顶上空盘
旋。在我们祖国的历史上，这样的幸运时刻，这样的发展阶段，还能找到比之更优越、更
高尚的描述吗？难道不应该好好地看一眼这位画中的老者，在他温柔的看护下，那么多的
果实在寒冬到来前就已经成熟，这召唤也许将这位天才的创造者从我们身边带走。这处
壁画上所绘制的故事里的老者已经走到了生命的尽头，在为一切人类努力所能获得的成果
奋斗一生以后，他现在唯一想要的只有星星；赛姬召唤着他，向着灵魂的居所、他内心的
圣殿而去，那里有他追寻的神灵。第二幅壁画到此结束。

　　现在，夜幕终于降临，携着风雪残云和属于冬天的生命与时令。缪斯女神们跳着舞，
直到俗世生命的尽头，然后随着一位青年登上驶往未知彼岸的航船。她们以忧郁的姿势向
他靠近，而此时，月亮女神（Luna）从云朵背后散发出光芒，展示出天国的圣体与相对
而立的两幅充满象征意味的壁画之间的联系。最初的创作，是以独立的、小幅画作呈现在
这里，它们可以被视为这样的天才创作所需的重要造型的初稿，就像是一些独立的星座。
而人物之间所形成的自然和谐的张力，使得这幅长卷得以保有一个统一而又独特的灵魂，
并在更高的层面上保持延续。创作的结尾是这一灵魂的升华，当他离开这个暂时栖身的世
界，离开他所身处的时代、他的盟友、他生命中的志同道合者，他们会围绕着他的墓碑，
带着深切的忧伤来歌颂他的生命所留下的财富，以童稚般的天真互相安慰。这真挚的纪念
悬浮于眼泪的坟墓之上，以永恒之爱，将这升华后的灵魂绘制于无垠的天堂之上。"

　　"我们所知的艺术作品，没有任何一件能与之相比，这是无需证明的。它的美丽，它
在所有方面所表现出的完美，简洁却恢宏，像一条浩瀚的河，从我们眼前流过——一种只
可能产生于精神上的纯洁和深刻，并且只能通过毫无偏见的信仰才能实现的美。这也是最
有力的证明。为了如此高远的目标而付出热忱的努力，对于任何这样的努力所获得的收获

[241]

[242]

[243]

[244]

[245]　来说，为使得成果与最初的宝贵意图不至于流失，将之合理地加以利用都是至关重要的。这果实会因为作品的推广而更加饱满璀璨。每一个进入这位艺术家所创造的艺术境域的人，都会在文化上达到新的境界，并从他敏感而丰富的想象力中获得帮助与滋养。远超于此的无尽益处将通过把这一作品展示给公众而得以广泛传播。它可以为一种艺术的更高层次的发展，而同时成为一件工具，一种意义和一个"终结"（end）。尽管这种艺术也获得了一些赞扬和支持，但事实上还缺乏实质上的投入。还没有确实的证据显示，艺术家的个人能力能够仅仅通过学习前辈大师而有所巩固或提高。年轻的艺术家们蜂拥前往意大利，仿佛在德国无法找到比之更高的水准。这样做要么是耗费了他们的金钱、热情和耐心；要

[246]　么是被一些无关之事搞得精疲力竭。而在国外，他们会发现那里没有导师，也没有什么能够超越他们已知的前代大师作品的新的创作。他们会度过一段虽然愉快，但却实际上大部分是纯属浪费的时光，然后回国；因过早地汲取无法完全理解的外来事物，而后在生存压力的迫使下又不得不放弃更有意义的进一步学习，从而最终丧失了本有的独特天赋。因此，对于那些还未成熟的初学者来说，这样的学习之旅更多的是一种损失而非补益，只有对真正成熟的艺术家它才会体现出价值。这些年轻人幻想艺术的精髓只是创造力的礼物，他们妄图通过强求来获取这样的力量，并因此走上一条与艺术完全无关的歧途，一条永远不可能把他们引向真理之光的不归路。一方面，他们无法达成其目标，尽管他们也许只想获得技巧上的提升和经验；另一方面他们也许会误入由非正统的妄想所产生的艺术领域；无论他们的性格如何，最终都将受到误导，而远离那些给予艺术以真正价值的东西。当我们在一位具有天赋的艺术家身上发现创造力时，它所带来的灵感也常常伴随着坚持与热爱。它（指创造力）无疑是最具价值，但又极其稀有的；它只属于少数受到上帝眷顾的

[247]　人，并且很难通过其他的途径获得。相反，那无以匹敌的创造天赋一旦迸发，往往会使众多的学徒只追随于一位大师。对于许多艺术家来说，这也许会成为一座拥有治愈力量的源泉，他将那些经验不足的学徒们联合起来，避免了他们偏离艺术的领域，而去寻求创造力的临时替代品；并为他们设立了一个标准，以使得他们的作品达到可敬的水平，使灵魂从平庸中获得解脱。除非无数双手只为一个信念所驱动，并带着谦逊、克制、无尽的耐心和持续的勤勉来工作，否则天才的创造将永远也无法自由地发挥出其全部的潜力，亦无法实

[248]　现它在艺术特质上的革新。它是一座建立在天才的创造力之上的学校，用协调艺术与道德的能力，通过神迹中所体现的快乐、纯洁的天真，去实现更高层面的自由而无需向其妥协；并避免错误、放纵或品位与智慧的堕落。它能阻挡现世的罪恶侵袭，也能保持其美德的优越，通过联合起它的所有学子，使他们在美的理念下走向成熟，且不受由于缺乏信心或罪孽深重而产生的偏见的影响；以一种能促进性灵完善的方式获得发展，而不受任何卑劣之物的阻碍。只要我们的艺术家坚持将他们最好的创作奉献给公众，上述以及许多其他益处都是很容易实现的。如此，他们丰富的创造力，纯粹的风格，娴熟的技巧将会为所到之处激发新的洞见，带来情感的激荡和兴奋，并使那些曾经自认为是艺术家的人们产生重

[249]　新成为学生的冲动。最后，正如所有的天才的艺术创作，它也需要实现自身的价值。有了这样的追求，就能在柏林创立出这样一所艺术学校的雏形，它将是别处很难复制的。这些年轻艺术家如若得到支持，就不会像枯草一般随风飘散，而是至少会获得艺术上的启蒙和

规范，并远离错误的路径，他们夏季的勤工俭学将能支持其冬季的学习所需。在纯粹的美学熏陶下，他们至少再也不用去向奥西恩（Ossian，传说中公元三世纪爱尔兰英雄和游吟诗人，译者注），荷马（Homer）或《尼伯龙根之歌》里去寻找英雄与魔鬼；也不至胆敢背叛作为艺术追求的最高目标的自然之美了。他们将愉快地献身于健康的灵感之源，即自身的独特经历；这将满足他们所有的艺术需求而不会浪费时间，也不会受到干扰。只需通过最简单的方法，我们的艺术家就能得到那些重要启迪所带来的益处：他或者他的同辈都不会失去在面对困难境况时，不屈不挠的努力所能希求达到的最高目标。"

"在此，我们仅仅触及了它对艺术本身的益处，但也有必要简要地谈谈，如果将这些充满喜悦与美好的作品呈现给公众，它将带给那些不管因为何种原因、在何种情况下，经过它的人们的愉悦之情。它将使我们的城市获得前所未有的非凡吸引力。一座艺术之城，这是多么崇高的赞誉啊！对到访她的人来说，她将会是多么令人愉悦，多么迷人啊！它所激发的热情将迅速蔓延，它所创造的巨大财富将远远超过所需的投入，亦可称为解决城市问题的有效途径之一。歌德的预言将会成真——爱，与对崇高目标的不懈坚持，终将使之得以实现。"　　　　　　　　　　　　　　　　　　　　　　　　　　　　　　　[250]

对于我的朋友，就介绍到这里吧。我将不得不转回到拙作的内容，我也注意到这样的思路跳跃所存在的风险。但哪怕再小的事情也需要有人去做，所有真诚的努力都值得被宽容，就像生活总是在重大和日常之间不断切换。而常常，一个以阅读歌德的不朽作品开启一天生活的人，也许将会翻阅《柏林杂谈》[58]，或浏览餐厅菜单作为当天的结束。　　　　　[251]

但我们需要在我的城堡停留一会儿，附图XXIX展示了它及其周围的环境。

在临近地区的茂密丛林里发现的史前遗址中出土了一具年轻男性的遗骨，其埋深仅仅距地面三英尺；遗骸保存十分完整，他的颅骨从颅相学来看发育得非常好，所有的牙齿排列得十分紧密，想来在世时一定是位英俊的小伙子。在我的园林中所发现的一切，都将会被善加利用，对以上这一令人迷惑的发现我也采取了同样的做法。我为他在荒野地带找了一片平坦的草地，修筑了墓穴，并立了一座简单的石头十字架作为墓碑，墓志铭上写着：在这个十字架下，沉睡着一位不知名的人；从坟墓旁的座椅向下望去，是一条宽阔、幽深、林木葱茏的峡谷。　　　　　　　　　　　　　　　　　　　　　　　　　　　[252]

城堡管辖着一片具有盈利目的广大区域，唯有独立的瞭望塔和被称为老城堡的建筑只为其拥有者服务。距离城堡前的广场不远是一处狭长的高地，周长约15分钟的马车车程[59]，它被建成了一座用于障碍赛马的小型赛道。[60]我选用了爱尔兰式的而非德国本土的障碍设计，即使是那些最棒的骑手和最兴奋的马匹都会感受到真正的困难。例如背后有着壕沟的6英尺高的黏土挡墙；或者是5英尺高的石墙；12~16英尺宽的木堆和壕沟。跑道被限制在一个狭窄的范围，在靠近中部布置了有着三排座位的下沉式看台，这样赛场上的景致就能被尽收眼底，每一匹马儿都逃不出人们的视线。

这就是我们今天的旅程所到达的最远之处，从这里我们将通过图上标记着箭头的道路转而回到城堡，而这部分（指城堡，译者注）是我们还没有探索过的。

在回程的途中，我们将经过双桥（平面图B中ff点所示）。从桥上望去，你将会看到另一幅点缀着磨坊（平面图B中gg点所示）的如画美景（见附图XXX）。而后，让我们最后　　　　[253]

再看一眼蓝色花园的亮丽色彩（见附图XXXI），带着这美好的印象，畅游完园林中所有的美丽景点，我们将结束此次旅程。

游园路线二

虽然对读者来说，这条游线，以及第三条游园路线与第一条所覆盖的面积差异不大，我还是可以提前保证，第二条游园路线所含的独立景点要少些，因此我们的介绍也会简短一点。

我们首先会沿着道路（沿图中蓝色箭头所示）径直来到庄园的会客厅，它是一座高大的建筑，为了来客的舒适所建，现在还没有完工。我们在上次的旅程中曾经经过这里，但是从另外一侧。虽然是同一地点，当从不同方向看去，景致依然会有所变化。

[254]　　　　　我们很快会进入一片新的区域，它位于西面边界处的山坡上。沿着山坡背面的陡峭山壁逐渐向上，我们将到达博格村（Berg），并继续穿越一片果园，直到来到被命名为"索根福雷"（Sorgenfrei）[61]（如平面图B中hh点所示）的索布人的农家小屋。它完全按照索布传统风格以及一位拥有这片郊区地产的小镇居民的意愿建造。在这处远远高出小镇屋顶的地点，我们几乎可以看到整个穆斯考园在脚下伸展，几乎就像是在看一张地图一样：当天空被浓密的树冠所完全遮蔽，只留下向下的视野，道路、宫殿（从这里看去，它的瞭望塔仿佛没有实际上的高）、露西湖、花园和娱乐场地都历历在目。一小块草地和果园围绕着小屋，在它的附近还矗立着欧博勒兹特（Oberlausitz）地区最古老的教堂遗址；甚至一直到18世纪还有人在罗马为保护它而努力。它虽然很小，但却并不缺乏建筑上的特色，而是极其优雅地伫立在由高大的椴树所覆盖的教堂庭院中。详见附图XXXII。

[255]　　　　　在我祖父母的时代，一棵老树就已经生长在这里，向四周舒展开的枝条利用了这块宝地的优势，而今它常常为我提供阴凉。我很高兴，它能成为我生命的第二纪念物——首先，我要感谢上帝，感谢他赐予我的礼物，使我能以孩童般的纯真来欣赏他崇高的作品；其次，我认识到唯有在质朴（simplicity）的环境中，哪怕只是伪装或者表象上的质朴，幸福才最容易对我们展开微笑，而对外在世界的忧虑离我们最远。这条游线沿途道路的修建非常困难，因为许多峡谷和深湾都只能靠架桥才能通过。幸运的是，就像在德国的许多地方，这里的木材资源较为充足而便宜。如果不是有这样的便利，道路修筑成本将会超出我的承受能力。

[256]　　　　　目前，我们所描述的这一片区除了少量的高地和森林以外，绝大部分的土地都种上了果树，我从皇家造园总管（Herren Garten-Director）林奈（Lenné）先生那里得到了灵感，而该项决定已经在这一合适的地点，产生了非常美妙的效果。在乡村和小镇之间，越过它们的花园，目力所及的山谷之中遥远的一点，我们所能采用的最佳处理手法就是用种满果树的山坡以及春季尽可能繁茂的鲜花；夏天从树干之间透出的闪烁着亮绿色微光的草地；隐藏起台地之间的高差。虽然果树的树形会显得有些杂乱、难看，我还是试着通过在它们

之间杂植一些漂亮的野苹果来改善整体效果。

离开山谷中的果园，我们将继续上行来到另一段狭窄山谷的上缘。它那陡峭的山壁上种满了老山毛榉树，在这里我们还可以看到铝厂的矿道和露天矿坑零散地分布在山谷之中。小径在此折回，转而向下，通往山地农场的所在地。经过风格各异，维护良好的矿工小屋，大约一刻钟的路程，我们将来到葡萄园（vineyard）（如平面图B中ii点所示）。一片开阔的视野越过浓绿的枝蔓，直抵远处的博腾（Bautzen）镇和格利特（Görlitz）镇。六英里以外，两座小镇之间的地平线被兰茨克龙（Landskrone，一个捷克共和国的边境小镇，译者注）等分为二，使它看起来好像是孤悬于四周茂密森林中的一座孤岛。在酿酒人小屋（vintner's house）稍事休息后，我们可以继续沿着围绕铝厂的山脊小路蜿蜒前行，我们将穿越从矿区延伸而出的木材运输通道；走下四轮马车，选择一两处矿井（mine shaft）进去看看，在温泉季这里时常会用铝矿石进行装饰；最后，我们可以参观精炼炉和其他一些铝厂的细节，如果恰好有人对此感兴趣的话。 [257]

这里的自然景观是充满野趣的。虽然此处土壤依然贫瘠沙化，大部分被冷杉属的树木所覆盖，但得益于该地色彩丰富的砾石，露出地面的黑色矿砂或棕色泥炭，以及仿佛是地震遗迹的乱石嶙峋的地貌所形成的变化多端的景致，还是可以找到一些极具画意的观景点的。我们甚至在这里发现了一座小型火山（不是人工制作的）——一处地火，持续冒出的浓烟和不时喷出的火焰显示了该地地下存在着燃烧着的泥炭层（brown coal）；这样的地火使得矿工们的工作更加困难艰险。 [258]

与这些因开掘而凌乱的土地决然相反的是，就在那些冶炼工厂背后，大片的花园和浴室建筑将要带给人们的惊喜。

一条铺筑整洁的大路将我们从位于广阔的娱乐场地边缘的小别墅（平面图B中ll点所示）带往矿泉浴场（平面图B中mm点所示）、泥沼浴场以及住宿区（平面图B中nn点所示）。周边的山地也有许多小径，这一片区的自然野趣被小心翼翼地保护起来，以保持它与我们早先的旅程所经过的区域尽可能多的反差，并提供一些新的视野，或至少是欣赏同一景物的完全不同的视角。

这一定会是那些对纯粹原始状态下的大自然情有独钟的人们最喜欢的区域。在这片浓密的丛林和峡谷之中，有最深沉的遗世独立。没有什么会打扰你的思绪；也许除了远处库拉（Keula）村铁匠铺传来的单调叮当声；或是啄木鸟轻敲树干的笃笃声；又或者是突然探出头来的满脸黑灰的矿工，他们会如幽灵一般冒出地面然后倏地消失。 [259]

这里的娱乐场地处理手法也和宫殿周围的完全不同。一处温泉疗养地或是公共场地与纯粹的私人场所设计要求自然相异。此处主要的需求是提供阴凉的散步道和适宜在夏季坐下来休憩停留的舒适场地，尤其是要满足温泉疗养的高峰季节需要。温泉浴室的右侧有一处被高峻的陡坡围绕的小花园，它那自然形成的巴洛克形式使我不由得想要将它设计成一座东方风格的花园，我将沿陡峭的石壁布置一系列凉亭。这处独立场地有着如此的自然地形，仿佛在鼓励我的计划——这就是将之付诸实践的最恰当的场所。而且，对于一座装饰性的花园，本来就对个性化的处理更加宽容，而无需像面对广大公众的花园那般要考虑各种不同的品味。即使还未经过专门的雕饰，这片娱乐场地也拥有一些十分特别的引人之 [260]

处。附图XXXIII描绘出娱乐场地全部完工之后的样子，附图XXXIV展现了整个温泉疗养区的景色，附图XXXV则是从炭沼沙龙（Moss Salon）向外望去的风景，附图XXXVI是酒廊（平面图B中oo点所示）附属花园，它是一处四面围合的空间，只用了西洋玫瑰和一座巨大而又古老的帐篷式座椅，座椅后面种植着浓密的盆栽八仙花。

要游览完这一切也许会花上好几个小时，然后我们可以回到马车上，继续沿着小道，进入一处深谷。在那里，我们将首先经过一处射击练习场，然后是稍远处的由四周山壁形成的壶状山谷，那里有更多的射击靶点和相关的游戏设施（平面图B上pp点所示）；它的附近是一处开敞的赛道以及用来为马匹练习跳跃的机械装置。

然后我们将继续上行，经过一处煤炭堆场，那里有一条铁路通向山中的铝厂，最后到达一处制高点，在那里我们将领略到另一片远方的美景，那就是位于1公里远以外名为乌斯那（Wussina）的鹿苑，我将在随后的章节介绍它。

[261]

在结束了这趟涉及温泉疗养地及周边场地，区域相当广泛而复杂的旅程之后，我们将开始下山的回程。离开这片矿区，沿尼斯河而行，在回宫殿区的途中，将会经过许多不同风格的度假小屋，它们为来这里享受温泉的人们提供服务。哪怕是我们会路过一小段上次旅途曾经走过的道路，也是从相反的方向，从而展现出不一样的风景。

游园路线三

要持续讨论同一个问题而不让人感到厌倦是极其困难的。虽然读者一定会需要一些详细的说明来更加准确地了解穆斯考园的平面图。我所能做的只有在尽可能避免令人无法容忍的单调的前提下，寻找一条折中路线来给予读者足够的、关于地图上那些我们还未介绍到的信息。

[262]

这一次我们的旅程将从第一天（路线一）旅程的终点开始（沿图中黄色箭头所示），经过一段虽然不长，但不可避免的老路（虽然是再一次地，但我们是从相反方向经过），来到尼斯河上的一座桥梁。从这里将会看到以前只能从较远距离、并只有部分被显露出来的区域。而后，我们将长时间地沿着蜿蜒于河流与高大老橡树之间的堤岸前行，直到我们到达拉克尼兹山（Lucknitz Hill），那里耸立着一座观景台（平面图B上qq点所示）（见附图XXXVII）。我们将继续沿着尼斯平原边界处的山脊前行，这连绵的山脊为平原勾勒出优美的边缘，良田和附近小镇居民的牧场沿着山坡向上一直蔓延到铝矿，从河流吹来的清风在此地突然打起了旋。

从这里望去，小村庄里的六座瞭望塔显得那么高大，它们之间仿佛相距甚远，以至于那些对此地不够熟悉的人会误以为那是比实际要大得多的小镇。慢慢地，这片风景逐渐消失在山后。不久，我们将进入一片年轻的落叶林，并沿一条孤独的小道继续前行半小时，直到抵达整个园林最高的一处平原。一个急转弯以后，是一片极其开敞的视野，广袤的乡村及其后占据了超过地平线一半以上的整个瑞森伯格山脉（Krkonoše "Riesengebirge"），

[263]

从诗尼坎普山（Śnieżka "Schneekoppe"）到最东边的博腾山（Bautzen）。而前景处，则是一片冷杉林，以及突兀耸立的宫殿城垛。这里将要修建一座瞭望塔。将视线转向另一侧，越过分布着各种围栏的草坡，是一处为国家级赛马盛会预备的巨大跑道，以及毗连的老式马房建筑群（见附图XXXVIII）。

从这里开始，园路将穿行于断续的牧场以及一些有着松散连接的金合欢树林，直到前面提到过的马场。想来只有那些真正的马匹爱好者才会有兴趣前往一游吧。因此，我们不会在此过多停留，而是会马上带领读者去往位于城堡外围的农场，这座农场的设立与其说是为了树立一个农业样板，不如说是为了一份不错的收入。模范农场对社区当然是有利的，但是对那些天性里具有高尚的牺牲精神的人们来说，常常是耗费了大量的时间和金钱所从事的改良实验最后却少有得到令人满意的结果。相邻的贵族们往往很快从中汲取到"教训"，从而避免这样的实验，并且很快获得了实实在在的好处。而我在自己的庄园里对美的追求，也已经让我付出巨额的代价，但我想我仍然应该为自己能建成这样一处模范园林而感到满足。虽然，不可否认的，其结果必将不会如模范经济一样带来可观的金钱回报。 [264]

伴着这样的评论，亲爱的读者们，我们已经安全抵达我庄园里的绵羊农场（平面图B中ss点所示）。由于近期羊毛市场萎靡，最近两年，我都在尝试逆转这些良种绵羊的特性，试图让它们出产产量更大，但较为粗糙的羊毛。现在，我们则来到一处巨型跑道，这是我为将来提供给德国种马繁育协会（national horse-breeding association）使用所准备的（平面图B中tt点所示）。它有二分之一德国里长（German mile），120英尺宽，整个跑道形成一个巨大的椭圆，并被分为七块不同的场地，每一块都被种植上了不同的果树。如果从空中俯瞰，它就像一个巨大的彩色星星。 [265]

坐落在一处高地上的看台，俯瞰着整个跑道，以及一处点缀着小池塘的浪漫景观。附近还将修建有一些为训练马匹准备的畜栏和与之相关的其他一切设施。其中一个池塘会被保留用作特殊用途。它的周围以及其中的岛屿都将会种满垂柳，并在各处散置刻上姓名的巨石，用来纪念那些逝去的人们（平面图B中uu点所示）。赛道的某处会经过这片"哀悼之湖"，马背上的神采飞扬的骑手们能够通过碗状的凹陷处，看到其下的纪念石，并思及那些已经永远结束在尘世间的奔跑、长眠地下的人们。

为穆斯考园的建设提供绝大多数苗木的大型苗圃对经过这里的人们来说也许同样是有趣的（平面图B中vv点所示）。附近的湖泊提供所需的用水，但我们很少会有意增加浇灌，这样做是为了使幼树能从一开始就适应严酷的环境；出于同样的目的，这里的土壤也保持着贫瘠。经过赛道以后，园路转变方向，带领我们去往哥白林居民点（Gobelin colony），那里集中了各式各样的独立小屋，我们曾经在前面对此有过介绍（平面图B中bb点所示）（见附图XXXIX）。这里的主要居民是园丁们，小屋散布于各处，高大的橡树增强了立面效果，许多大树已经超过百年树龄。好些年前，曾经在某棵树下发现过一处小小的宝藏，其年代也许可以追溯到三十年战争期间（Thirty Year's War），我如今还保留着从中取出的一些金币。但是，这也是至今为止我所尝试过的众多寻宝活动所找到的唯一一处宝藏了。不过我从来也没有忘记那位让他的儿子挖遍他们的葡萄园来搜寻宝藏的父亲的故事，因 [266]

此，我还是会向每一位领主推荐这样的尝试。

经过同样是完全由园丁们居住的科柏恩村（village of Köbeln）（平面图B中ww点所示）
[267] 以后，我们将掉头转而向宫殿区，沿着一段靠近尼斯河的道路前行，这段路的绝大部分景
色此前我们还从未见过。我不禁要在此提醒读者，哪怕是曾经路过的那些路段，这次也是
从相反的方向；来证明在所有我们在之前的旅程中曾经经过的不同的马车道和交汇点处，
同样的景色绝不会重复出现；并且我们没有遗漏园中任何一处主要景点；除了那些需要长
时间的游览才能关注到的细节，以及变化无穷，永不枯竭的自然乐章。它的美存在于每一
个区域，但只有那些最坚韧的徒步旅行者才能得窥它的全部，以及那些动人的细微之处。*

— ◆ —

[268]　　　虽然我们已经遍览整座穆斯考园，但我还想对我的另一处与之邻接的园产做些简要
介绍。

由于我在本地所拥有的领地范围广大，连绵成片，也因为每个人都应该尽力发挥他的
长处，我将以下一些尝试来实践这一点。

在穆斯考东南约一公里处，正对西里西亚山（Silesian mountains），我建立了一所鹿
苑，以及一处别墅，和用于狩猎的小屋。而在穆斯考园西南约两英里处，则是一处更大
的、蓄养了野猪和杜鹿的猎苑，其灵感是来自于一座古老的城堡，它为狩猎和娱乐所建；
在那里，几个世纪以来无尽的热情被投入到高贵的狩猎艺术。这两处园林都有与城堡相连
的、专为贵族所预留的双向道路（同样都是一条路进，另一条路出），并且这些道路都完
[269] 全处在我的领地之内。它们穿过整个地区最有趣的一些地段，所以人们尽可以将以上所介
绍的那些游线延伸到它们（指前述一处鹿苑和另一处猎苑，译者注）中的任意一处或两
处，以形成全天行程。我们还在计划第五条路径，从我的领土另一侧将两处猎苑直接连通
起来。那将会是一条穿过本区主要森林，需要不间断地奔驰好几英里的道路。这条道路还
将经过皇家墓地，以及前述提到的编年史里记载过神圣的祖逊博（Zvantevit）神土丘，我
曾经在那里发掘过一些奇怪的石质构件，并且准备保留下来作为神圣的祭坛。

我保留了第一处猎苑（鹿苑）的索布族名称——乌斯那（Wussina，意为"野性"，译
者注），除了一片十分原始的、被高大的云杉所覆盖的区域以外，那里大部分被落叶树所
覆盖。我们以韦伯[62]的歌剧《自由射手》（Der Freischütz）里的场景命名它为狼之谷。在这
里，我们会不时在午夜播放韦伯的音乐，周围的环境使恐怖氛围倍增。一条林间溪流穿过
整个乌斯那地区，最终汇入尼斯河。它界定了鹿苑的两侧边界，第三边则是由一条宽阔的
道路，以及鹿儿们能轻松越过的低矮围栏为界，它们无法在完全封闭的环境下生存。虽然

---

* 在介绍完这些之后，无需再赘述，对于如图中所示的园林，如果按照反方向来走这三条游园路线，那
么你将看到与前面的介绍截然不同的另一些风景，哪怕它们是由相同的景物所组成的。我们还可以利用
在此以前从未有人尝试过的近路来缩短这些行程，并重新划分园林的区域。如果把游步道也计算在内的
话，那么游览完整座园林至少需要八天的时间。

看起来鹿算得上是最温顺的动物了，但其实它们比任何动物都更需要自由。这是一片多山 [270]
的区域，幽深的峡谷覆盖着丛林，山谷低处静卧着碧绿的草地，并提供了从构成这处鹿苑
主要景观特质的山地，瞭望瑞森伯格山脉的不同视角。详见附图XL。

另外一处更大的猎苑［"grosse Thiergarten"］，有着完全不同的景致。它的领地曾经
一度被高耸的围栏所封闭，这些分隔物已经按我的命令拆除，并被开敞的壕沟所取代。部
分原因在于我已经因为一直以来的偷猎者而损失了太多的猎物；就算被抓，他们也只会
受到轻微的处罚，这使得他们近来开始变得更加猖獗。另一部分原因是，我发现即使是杜
鹿，在这样封闭的环境下也开始退化——它们变得更小、更瘦，食欲也更差，甚至过于温
顺而不像是野生动物了。——几乎快成了英国园林里饲养的那些家鹿，变得和绵羊一样
了。而且，就算是没有围栏，也可以通过其他一些适当的方法，比如合理的投喂食物以及
别的吸引措施来灵活地保障狩猎活动限制在一个特定范围，而无需将它们同其他动物隔
离，完全圈养起来，并使它们因为沮丧和不健康的监禁而逐渐失去活力了。 [271]

在这方面，十五年的经验使我受到了彻底的教育。

奇怪的是，就在我拆除围栏的同时，我的两个富有的邻居却开始修建他们的围栏。他
们花了15年时间才决定要效仿我对园林的处理，我因此毫无疑问地相信，如我们所知的，
他们也将会再花上15年，来通过自己的经验体悟到我现在做法的正确性。*猎苑完全处于平
原之上，并且由一片一眼望不到边的巨大森林所覆盖，它是一片无需任何改造的山地。但
是它也拥有一个独特之处，就是那些无比美丽的老树；大部分是体型巨大的橡树、云杉和
松树。后者通常高达150英尺，有着光滑的树皮；更像是产于意大利的松树品种，而不像 [272]
我们常见的、缺乏画意的冷杉。

但真正使这片森林变得无比新鲜可爱、拥有独特的迷人之处的，是地毯一样厚实的蓝
莓和越橘（lingonberry），以及蕨类和野生迷迭香；它们在整个林下空间恣意地蔓延铺展。
森林之中，闪烁着亮绿色的蓝莓叶片，这些蓝莓与蕨类植物一起构成了无疑是最美丽的草
坪，任何人工种植都无法到达这样致密的效果——哪怕是在它们曾经生长过，后被清除用
于花床的土地上，也无法恢复到原本生长在树荫之下的效果。看起来至少需要花费一个人
一生的时间才能等到它们重新覆盖住那些被垦殖过的大片土地。

这处猎苑的住宿区为前来狩猎的客人们提供了宽敞的住处，也被用作是狩猎杜鹿、野
猪和其他鹿类的集合地。但对于许多人来说，最为兴奋的狩猎是在越来越稀少的森林松鸡
交配季。最多的时候，猎人们一次可以听到40~50只松鸡聚集在园区里所发出的鸣叫声。 [273]
因为要体验到这一切需要起得极早，而城里人又大多不喜欢起早床，我的做法就会显得更
受欢迎：我们将在午夜时分从穆斯考出发，以火把照路穿越森林；它是最便宜而又趣味十
足的照明方式。到达之后，我们将在狩猎小屋享用一顿宵夜，然后马上就可以开始动手捕

---

* 为了避免自由主义者因为这本书而攻击我，我在此必须澄清，出于对农民的关照，我仅保留了法律所
允许的，按照我所拥有的森林面积，可供用来狩猎的最大面积的三分之一，也就是130,000摩根用作猎
苑，我甚至允许他们免费地获取他们所需的木材，并按照自己的意愿为他们的耕地树立围栏，不管那些
耕地位于何处。

猎松鸡了（正如狩猎术语"starting up"所表达的那样）。这样的安排，即使是女士们也可以经常参加；考虑到这一点，请原谅我适才所述之中那些也许会引起她们不适的细节。

这里还为那些有其他狩猎爱好的人准备了指向森林最美的所在的10~12条不同围捕路径。这些场地被划分为不同狩猎者的私人领地，以使得他们能使用专属的狩猎区而互不干扰。打破这一规则对于一个猎手来说将是极不得体的。这样无论白天还是黑夜，不同区域

[274]

的拥有者都能在不受干扰的状态下享受狩猎的乐趣，commeil l'entend。[63]提到集实用性与娱乐性为一体的设施，我想对首席造林师，身处柏林的彭菲教授[64]致以诚挚的感谢，所以我选择将这些迷宫一般的狩猎路径中的一条命名为"彭菲路"（Pfeil strasse）（strasse，德语"街"，译者注）。

这里有太多极美的大树，使我禁不住要介绍其中的两株。附图XLI画的是一株耸立的云杉，虽然只有100英尺高，但它被针叶所覆盖的枝条最低处仅距地面7英尺。有一次我曾经用巨大的水果造型纸灯笼将它装饰成一棵圣诞树，任何其他地方或许都不曾有过这样一处"圣诞惊喜"。附图XLII上画的是一棵造型奇特的橡树，它高达85英尺，离地一埃尔处（1 ell，旧时量布的长度单位，相当于45英寸或115厘米，译者注）胸径达24英尺，最粗的枝条周长达9英尺。

最后一幅附图，XLIII，是我在猎苑的别墅，一个寂静幽僻的处所。在此，我将与我亲爱的读者们致以最诚挚的道别，并感谢你们坚持阅读完这样一本关于枯燥话题的冗长之

[275]

作。再一次真诚地希望我微小的努力能为同样献身于这一领域的人们提供些许帮助，也或许能激起更多人对这项还未得到足够重视的事业的关注。因为只要一位领主开始为他的领地设计蓝图，他将会意识到，对土地的经营不仅仅是为了金钱上的收益，而是能提供真正的美学上的愉悦；那么他将领悟到大自然所能提供给那些全身心热爱着它的人们以多么伟大的礼物。只有当我们不遗余力地付出努力，让成千上万微小的单元平顺而又美丽地连成一个环，圣西蒙（Saint-Simonists）[65]的梦想才会实现：我们地球母亲的全面美化。为了这一目标，我们最好是能远离政治上的黑暗追求，那只会让我们付出所有却一无所得。国家事务不可能成为每个人的心之所系，但任何人都可以用尽各种办法为完善自我，以及我们

[276]

的土地而努力奋斗。也许有人会问：比起我们所已知的，政府所做的那么多有着理论支撑的实验——请宽恕我的诚实和直接——有可能通过这样简单的方法，更加和平而安全地实现自由吗？我想，最终，只有那些能够驾驭自我的人才能获得真正的自由吧！

注　释

1 "无需再次验证，像我一样的人们，我们的道路是如此优越，如你所见。"皮埃尔·高乃依的剧作《熙德》第二幕，场景二，由A.S.科林翻译（2007）详见：www.poetryintranslation.com/PITBR/French/LeCidActII.htm

2 "当艺术被转化为自然，自然就会以艺术的方式来运作。"（"*In eines Schauspielers Stammbuch. Kunst und Natur // Sey auf der Bühne Eines nur*；*// Wenn Kunst sich in Natur verwandelt*，*// Denn hat Natur mit Kunst gehandelt.*"）正文中除注明出处外，所有德文的英文翻译均由译者（John Hargraves）翻译。

3 卡尔·弗雷德里齐·凡·如莫（Carl Friedrich von Rumohr），《德国回忆录：治理篇》（*Deutsche Denkwürdigkeiten*：*Aus alten Papieren*（Berlin，1832），1：168）

4 彼德·约瑟夫·林奈（Peter Joseph Lenné）（1789~1866年），杰出的普鲁士造园家和城市规划师。他的作品包括在波茨坦、Sanssouci、Klein Glienecke，以及柏林的一些园林。详见其著作 Verschönerungsplan der Umgebung von Potsdam，1833。

5 "把你的文章至少留九年再出版。"这是诗人何瑞思（Horace）在《诗意》（*Poetics*）一书中对那些急于出版著作的作者们的忠告。

6 圣彼得大教堂北侧墙壁上的题刻，引自马太福音16：19："所有你们所宣称尽属凡尘的，也必现于天国。"（"*Quodcumque ligaveris super terram erit ligatum et in caelis.*"/"*Whatever you declare bound on earth shall be bound in heaven.*"）

7 "准备一条鲤鱼、一只山鹑，等等。"

8 Ha-ha是一种开掘于园林边缘的壕沟，用以隔绝狩猎等活动带来的侵扰。它得名于人们偶然中走近并发现这一隐藏的壕沟时发出的惊讶之声。当人们从远处眺望时，丝毫也不会感觉到有任何阻挡。一些河岸也采用类似方法处理，将驳岸隐藏起来。

9 平克勒（Pückler）用了rigolen这个动词，在1988年由Günter J. Vaupel编辑出版的德文版《风景造园要旨》中对rigolen的解释是，深耕大约60厘米或足够深度，将表土与底层土壤充分混合。

10 欧洲冷杉（Abies alba）。

11 "万能的"布朗爵士（Lancelot "Capability" Brown，1716~1783），英国风景园林师。

12 在古希腊悲剧之父埃斯库罗斯的三部曲（Oresteia of Aeschylus）中，Orestes 和Pylades是一对神话中的表兄弟，因他们之间强烈的感情，被作为友谊的经典象征。

13 "生之欢乐"（Rejoice in life）是一首德国民歌，基本上和"采一朵五月的玫瑰赠给你"（Gather Ye Rosebuds While Ye May）类似。

14 汉密尔·雷普顿（Humphry Repton，1752~1818年），是"万能的布朗"爵士的学生，18世纪英国最后一个重要的造园家。1882年平克勒邀请了汉密尔的儿子，约翰·安迪·雷普顿（John Adey Repton，1775~1860年）来为他的穆斯考园提供建议。

15 英国伯明翰地区西南一处中世纪要塞。

[16]Adolf Müllner（1774~1829年），青年德国运动（Young Germany Movement）宣传家。

[17]卢梭（Jean-Jacques Rousseau，1712~1778年），法籍瑞士哲学家、作家和政治哲学发起人，其哲学影响了法国大革命。

[18]平克勒运用了"salmagundi"这个英语词汇，它其实最初来源于法语，指的是一种用肉片、凤尾鱼、鸡蛋和蔬菜等混合而成的沙拉。

[19]杰克布·海瑞齐·瑞德（Jacob Heinrich Rehder，1790~1852年），平克勒的穆斯考园首席园艺师。

[20]阿米达（Armida）是一位女巫，她在耶路撒冷（1581年）的Torquato Tasso（1544~1595年）创造了一座魔法花园。

[21]引自威廉·莎士比亚的《麦克白》（ca.1606）。"麦克白永远也不会被打败/直到巨大的伯纳姆之木被运送到高高的邓斯纳恩山上/并再次回到他眼前"（第四章：第一节：92-94行）。

[22]约翰·纳什（John Nash，1752~1835年），一位杰出的英国建筑师。

[23]没有不存在例外的规则（No rule without an exception）。

[24]见本书P.140页插图（英文版P.167）。

[25]真相时常令人难以置信（Le vrai souvent n'est pas vraisemblable）。

[26]tertres是个法语词汇，意思是小土丘、土堆、土墩。

[27]平克勒在此引用了由于歌德的诗作《魔法师的学徒》（Der Zauberlehrling）而闻名的经典故事。徒弟从师傅那里偷学了咒语，并且将扫帚变成了给他端茶倒水的侍者，但却无法叫停，差点被淹死。

[28]在18世纪的德国和奥地利，"小时"同时也是长度的单位，1"小时"等于5000米。这也许能解释此处平克勒的用语，换算后应该是3500千米。

[29]谢宁（Schelling）在他关于1802~1805年的艺术哲学的演讲中，将建筑比喻为"凝固的音乐"。

[30]在拿破仑1803年对德国领土进行的重新划分中，一座城市或一个州被吞并意味着这整个区域将不再受神圣罗马帝国的直接管辖，而是附属于一个更大的州，并丧失其大部分的独立主权。穆斯考因此而成为了普鲁士的大公。

[31]诸位（To each of his own）。

[32]瑟尼（Giovanni Baptista Seni，1600~1656年），席勒的代表作历史剧《瓦伦斯坦》中的一位意大利占星家。

[33]斯旺迪维特（Swantewit）是索布族宗教中的一位神灵，在本书其他章节，平克勒也将其名字拼写为"Svantevit"或"Zvantevit"。

[34]圣路德维希（Ludewig the Pious，公元前778~840年）。

[35]文中提到的年轻女士其实是博勒斯兰（Boleslav）的女儿，并非瓦德兰的女儿。

[36]卡尔·弗雷德里克·斯金科（Karl Friedrich Schinkel，1781~1841年），柏林建筑师，城市规划师，画家，舞台设计师，图形艺术家。

[37]cottage ornée，意为装饰过的小屋。

[38]在希腊神话中，阿里阿德涅是科瑞德（Crete）国王的女儿。她曾给雅典英雄特修斯（Theseus）一个线团，帮助他走出人身牛头的残忍怪物米诺托（Minotaur）的迷宫。杀掉怪物米

诺托后，特修斯循着线团回到了迷宫入口。

[39]gloriette是一种花园中的小亭子或凉亭。

[40]此处具体指枫香，英文为Sweet gum。

[41]木瓜，英文为Flowering quince。

[42]麦秆菊，英文为Strawflowers。

[43]天芥菜，英文为Common heliotrope。

[44]千日红，英文为Globe amaranth。

[45]龙头花，英文为Monkey flower。

[46]紫藤，英文为Chinese wisteria。

[47]凌霄花，英文Trumpet creeper。其后的图5并没有给出相应的说明。

[48]乔治·安迪·雷普顿（John Adey Repton），英国建筑师，哈菲·雷普顿（Humphy Repton）之子（见注释14）。

[49]此处是引自一首歌德的诗歌中一位被精灵之王诱拐了灵魂的小男孩的名字。

[50]坐落于捷克共和国和波兰边界处的一座山脉。

[51]马丁·凡·汉莫斯克（Martin van Heemskerck，1498~1574年），荷兰画家。

[52]马克西米兰·卡尔·弗雷德里克·格瑞弗（Maximilian Carl Friedrich Wilhelm Grävell，1781~1860年），德国律师、作家和政治家，他曾经担任过平克勒的庄园管理人。

[53]利奥波德·席福（Leopold Schefer，1784~1862年），德国小说家、诗人，他也曾担任过平克勒的庄园管理人。

[54]祖逖博（Zeutiber）和斯万提维克（Svantevit）都是索布族异教信仰中的人物。

[55]John Nash，见注释22。他是英国白金汉宫的建筑师，并且从1830年起，参与了一桩关于建筑费用增长的重要辩论。

[56]希腊的众神（The Gods of Greece）这一说法是出自席勒（Schiller）的诗歌《希腊众神》（Die Götter Griechenlands）。

[57]有关贝提妮·凡·阿尼姆（Bettina von Arnim）的介绍请参见简介后的注释18。

[58]一份地方性刊物，全名为Der Sonntagsgast, Ein Wochenblatt für die häusliche Erbauung。

[59]约一英里长。

[60]在此，平克勒所提到的大概是在他的英国之旅中所见过的一条用于越野障碍赛马的跑道。

[61]Sorgenfrei，意思是远离担忧和烦恼，与法语"sans souci"意思相近。

[62]卡尔·马林·凡·韦伯（Carl Maria von Weber，1786~1826年），德国浪漫主义作曲家。他的歌剧Der Freischütz中有一个场景被命名为狼之谷（Wolfsschlucht），在一个午夜，人们在那里与魔鬼缔结了条约。

[63]就像他所理解的那样。

[64]弗雷德里克·沃海姆·利奥波德·彭菲（Friedrich Wilhelm Leopold Pfeil，1783~1859年），德国造林学家，大学教授。

[65]克劳德·亨利·洛夫瑞（Claude-Henry de Rouvroy），孔德·圣西蒙（Comte de Saint-Simon，1760~1825），法国早期社会主义哲学家，他认为个人和社会的美德就建立在理性和自然之上。

英文版译者说明

重新翻译一本园林设计方面的经典著作（平克勒的作品最近一次被译成英文是在1917年）带来了一些有趣的挑战。我感到，谨记平克勒代表着与他相似的某一类人是极其必要的，他具有传奇般的特质，其在园艺方面的投入甚至值得写成一部小说，价值甚至将胜过他在造园方面的热忱。他的性格混合了海涅（Heinrich，1797~1856年，德国诗人，译者注）和狄更斯（Dickens，1812~1870年，美国作家，译者注）的特点，事实上，我们可能再也找不到像他一样的园林设计师了。他所使用的德文也反映出这一独特性。

对于本次翻译来说，最重要的任务就是将他那19世纪的德文文风翻译成为一种更加易懂和更加现代的英式散文，并同时保留他机智的幽默、俏皮、对逸闻趣事与举例说明的喜爱，以及有点儿夸张的（如果不是言不由衷的话）自谦，他对欧陆同辈的嘲笑、他的爱说教，甚至是他那"纯正德国人"式的固执。在努力做到这一切的同时，还得保持与真实世界的衔接，以一种睿智的方式，传达具有现实意义的"要旨"。我希望这一版的英文翻译能够使得当代读者一窥原文版的风采，同时缓解一些句法与文体上的理解障碍。

我在本版翻译中还原了贝提尼·凡·阿尼姆对斯金科的评述，这段话是平克勒在未注明出处的情况下作为大段插叙直接引用于他的著作之中的，伯恩哈德·斯科特（Bernhard Sickert）在其1917年的英译本中略去了这段内容。其他挑战还包括从地理和地质方面辨别平克勒在穆斯考的巨大产业以及他用以描述造园、农业、工业和工程方面，但业已被弃用的词汇。那些容易造成时代错乱的词汇，例如"风景园林"（landscape architecture），以及在时代的变迁中有了新用途的词汇——"造园艺术"（garden art）等，大部分已避免出现。为体现原书成书时代园林术语的特点，加入了一些德语名词，如风景（致）式造园［*Gartenkunst*（landscape gardening）］、风致园［*Kunstgarten*（landscaped garden）］，以及园林设计师［*Garten-Künstler*（landscape gardener）］。

官方计量单位在平克勒时代的德国，存在着巨大的地域差异，以至于如何准确地翻译他所提到的距离和方位仍是一个需要研究的课题。作为一个增加可读性的尝试，它们被如实地翻译为步［pace（*Schritt*）］、英寸［inch（*Zoll*）］、英尺［foot（*Fuß*）］等等。除了摩根［acre（*Morgen*）］这个单位以外，它的原有德文词汇被保留下来，因为其定义与今天的英亩大为不同。

德文原文中绝大多数的字体变化都是一种技术上的考虑。在1834年的版本中，采用空格的方式来突出文字或短语。相反，斜体字则被专门应用于外国文字、引用的外文作品或者正式名称。在英译本中，除英文人名以外，斜体字被用于所有需要强调的地方，德文版中所有用空格加以强调或斜体出现的德文均采用斜体排版。一些在原有德文版中用斜体强调的外来词汇，如灌木丛（*shrubberies*）、地形（*terrain*）、沙龙（*salon*）以及娱乐场地（*pleasure ground*）等，在英文版中未以斜体显示。标点符号被转换成今天的格式。明显的错误以及平克勒在1834年版最后所附的勘误表中所指出的错误都被严格地更正过来。

附图的说明文字是从平克勒的原文中精心引用而来，1834年德文版的图册并未包含任何标注说明。

约翰·哈格里夫斯

风景造园要旨附图集

及它们在穆斯考园中的应用

作者：凡·平克勒—穆斯考大公

效果图 44 幅，平面图 4 幅

出版社：STUTTGART

Hallberger'sche Verlagshandlung

附图 | a、b、c 作为边界的针叶树种植形式

附图II　移走宫殿前的20株橡树前后效果对比图

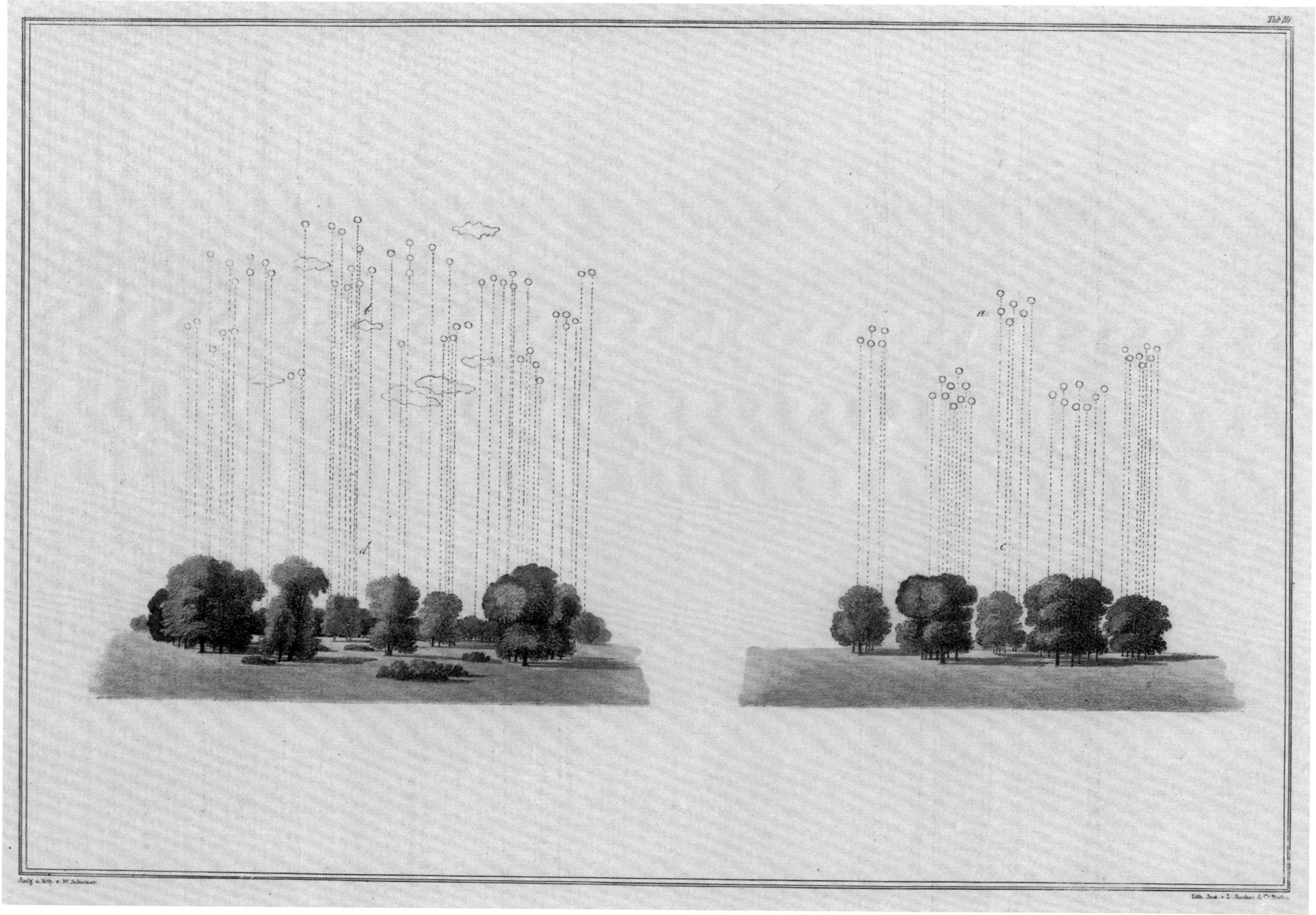

附图Ⅲ　a、c 规则式树群

附图Ⅲ　b、d 自然式树群

附图IV　a、b、c、d 错误的和正确的路缘、灌木丛边缘群植设计，草坪中央的种植设计

　　　　e 传统样式的边缘种植

　　　　f 按照纳什先生的原则所做的边缘种植

　　　　g 沿路植物种植

附图 V　a、b、c、d 通过植物障景加强道路蜿蜒感

　　　　e 斜坡上的道路布置：左图优于右图（如图中虚线所示）

　　　　f、g 道路硬化剖面及铺面图

Tab.17

附图VI　a、b 粗心与细心设计的小溪或小河平面对比图

　　　　c、d、e 人工式、自然式及其他各式驳岸处理方式

　　　　f、g 如何创造一处有着滨水种植地带的湖泊

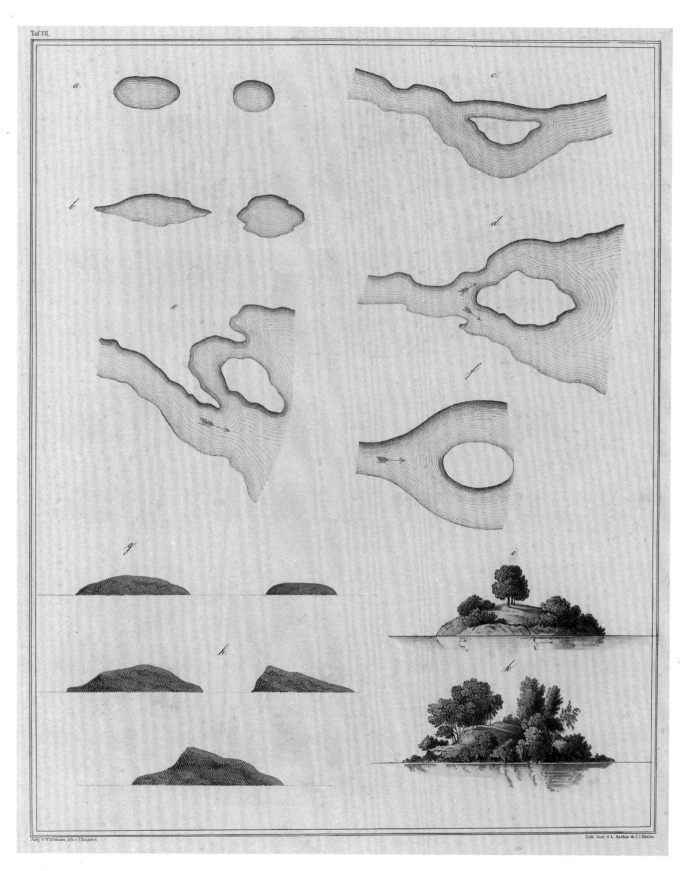

附图Ⅶ　a、b、c、d、e、f 岛屿设计及种植

　　　　g、h 错误的与正确的岛屿设计

　　　　i、k 岛屿种植设计

附图VII 堤坝设计

附图IX 有挡土墙的堤坝设计

 附图 X　堤坝设计

附图 XI　穆斯考园建设前后尼斯平原景致对比

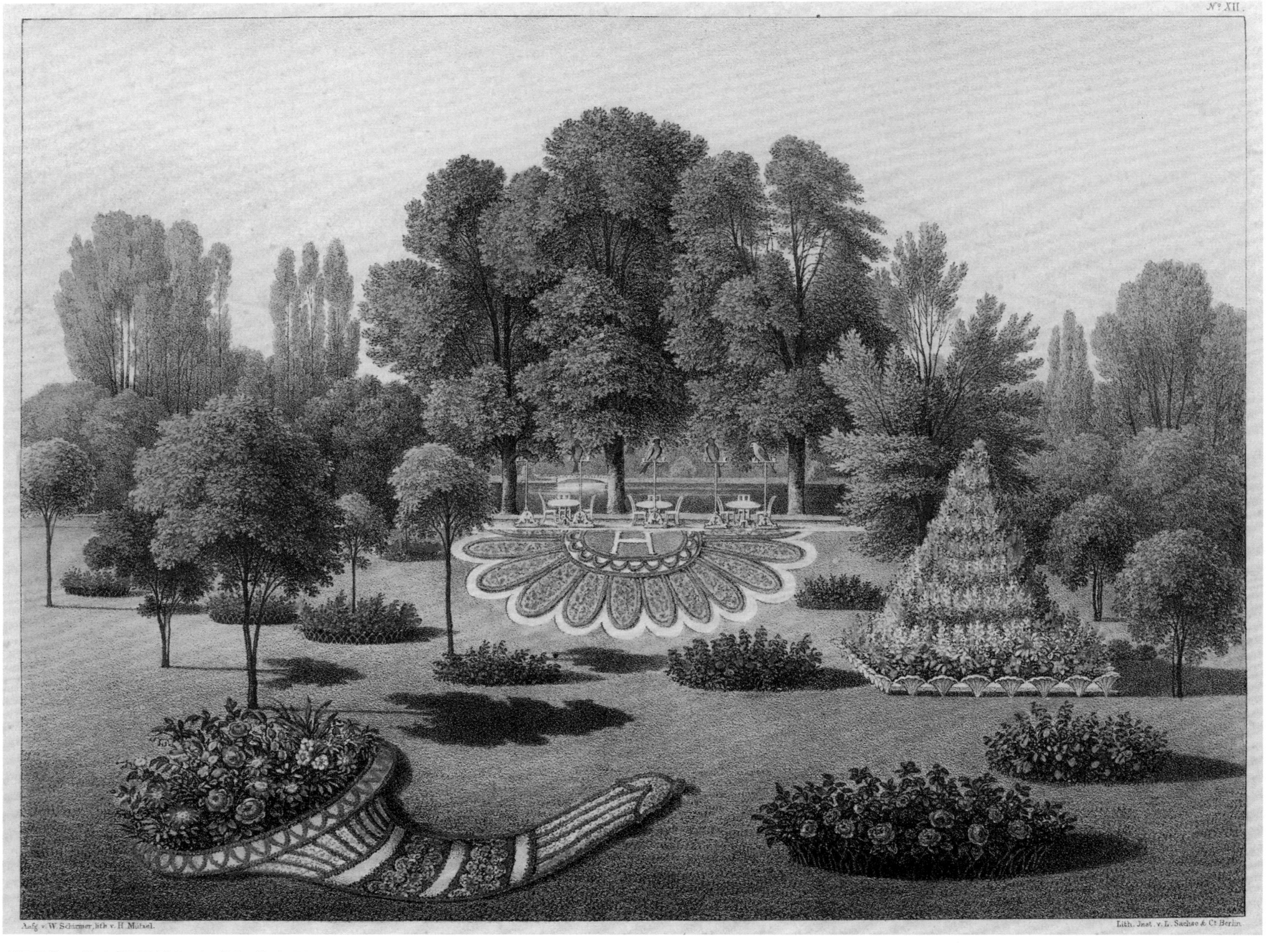

No. XII.

W. Schirmer lith v. H. Mützel.

Lith. Anst. v. L. Sachse & C? Berlin.

附图XII 从宫殿塔楼阳台眺望花卉园

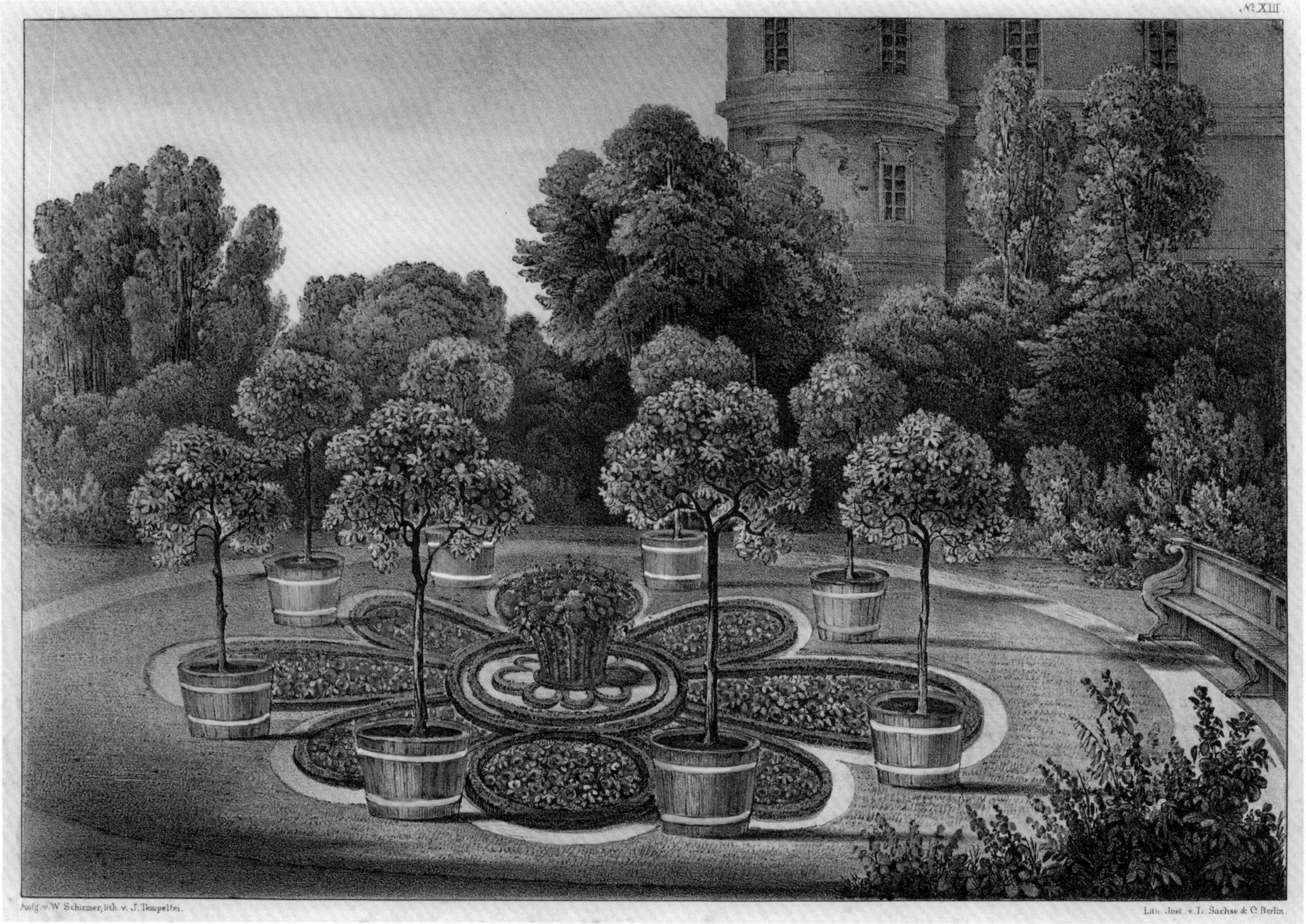

Aufg. v. W. Schirmer, lith. v. J. Tempeltei.

Lith. Anst. v. L. Sachse & C. Berlin.

附图 XIII　宫殿区的玫瑰园

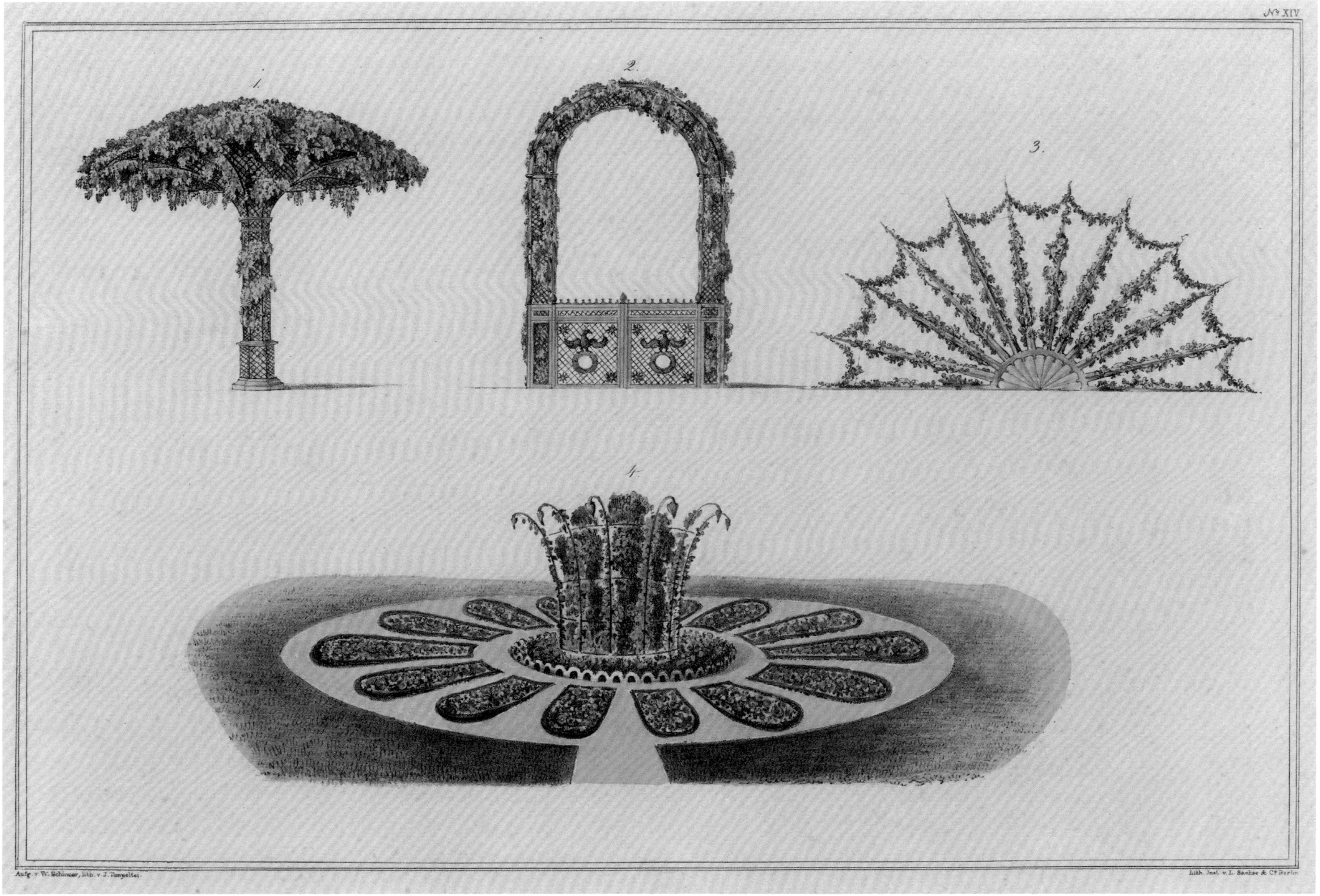

附图XIV　攀援植物的铁艺支架

附图 XV　宫殿前的斜坡及保龄球草坪

附图 XVI 领主花园远眺

附图 XVII 从凉亭远眺视野

附图XVIII 从凉亭远眺大草坪

附图 XIX 从凉亭眺望宫殿、塔楼及卢克尼兹村（Village of Lucknitz）

附图 XX　远眺宫殿

附图 XXI　在由土耳其式的乡村小屋、浴室及远处的铝厂所组成的风景中的鸡舍（模型）

Aufg. v. W.Schirmer, lith. v. O. Hermann.

附图XXII　从守护神庙远眺之景

Lith. Inst. v. L. Sachse & Cie Berlin.

附图XXⅢ 守护神庙以及弗雷德里克·威廉三世半身像

附图 XXIV　王子桥

Auÿ. v.W. Schirmer. lith v. H.Mützel.

Lith. Inst. v. L. Sachse & C.Berlin.

附图 XXV 橡树小径

附图 XXVI　英国屋外观

Aufg. v. W. Schirmer. Lith. v. O. Herrmann   Lith. Inst. v. L. Sachse & C.o Berlin.

附图 XXVIII 斯金科的葬礼小教堂设计图

附图 XXIX　规划中由斯金科设计的城堡

附图 XXX 从双桥眺望磨坊

附图 XXXI 蓝色花园

附图 XXXII　从博格村远眺塔楼、宫殿与园林

Andg. v. W. Schanner, lith. v. O. Hermann.

Lith. Inst. v L. Sachse & Co Berlin.

附图 XXXIII　温泉区娱乐场场地，几乎是一座东方风格的花园

附图XXXIV 温泉区整体效果

附图XXXIV 温泉区整体效果

附图 XXXV　从炭沼沙龙（*Moss Salon*）远眺之景

附图XXXVI 畅饮酒廊附属花园

附图 XXXVI　从拉克尼兹山（Lucknitz Hill）顶瞭望塔远眺视野

附图 XXXVI　Krkonoše山脉远眺

Aug. v. d. Busmer del. v. A. Kloss.　　　　　　　　　　　　　Lith. Inst. v. L. Sachse & C° Berlin.

附图XXXIX　哥白林居民点的小屋

附图XL 乌斯那风景（*The Wussina*）

附图XLI 大猎苑中傲然耸立的高达100英尺的云杉

附图XLII 大猎苑中形态特异的橡树，高达85英尺，胸围24英尺

附图XLIII 大猎苑中狩猎花园里的小屋

1	Lychnis Vesiaria fl. pleno	roth	spät
2	Syringa perfica	lila	früh
3	Campanula medium	dunkelblau	spät
4	Cytifus elongatus	gelb	früh
5	Syringa vulgaris fl. coeruleo	hellblau	früh
6	Lilium bulbiferum	orange	früh
7	Rubus odoratus	roth	spät
8	Spiraea hypericifolia	weiß	früh
9	Lonicera tartarica fl. rubro	roth	früh
10	Ribes aureum	gelb	früh
11	Lunaria vedeviva		spät
12	Rosa centifolia	rosa	spät
13	Syringa chinensis	blafsroth	früh
14	Syringa vulgaris fl. albo	weiß	früh

15	Rhus Cotinus	braun	spät
16	Potentilla fruticosa	gelb	spät
17	Syringa vulgaris fl. rubro	blaureth	früh
18	Spiraea falicifolia fl. rubro	blaßreth	spät
19	Verschiedene Rosen	rosa	spät
20	gelbe und rothe gefüllte Tulpen		früh und spät
21	Papaver bracteata	hochroth	früh
22	Philadelphus coronarius	weiß	spät
23	Crataegus oxia cantha fl. pleno rubro	dunkelblau	spät
24	Colutea arborescens	gelb	spät
25	Papaver bracteata	hochroth	früh
26	Verschiedene Rosen	rosa	spät
27	Gefüllte Tulpen	gelb und roth	früh
	Die nächsten durch andere Sommerblumen ersetzt werden	lant	spät

Die auf der Zeichnung hell gelassenen Stellen bedeuten Sträucher und Blumen, welche im Frühjahr,

die dunkeln solche die im Sommer blühen.

平面分布示意图　装饰花境平面

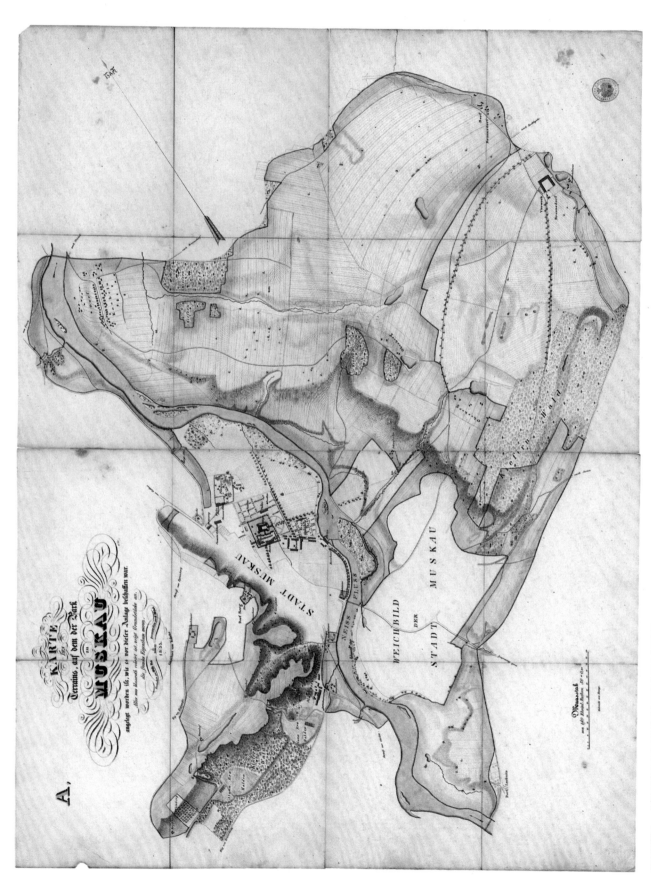

平面图A 穆斯考园建设前的区域总平面图

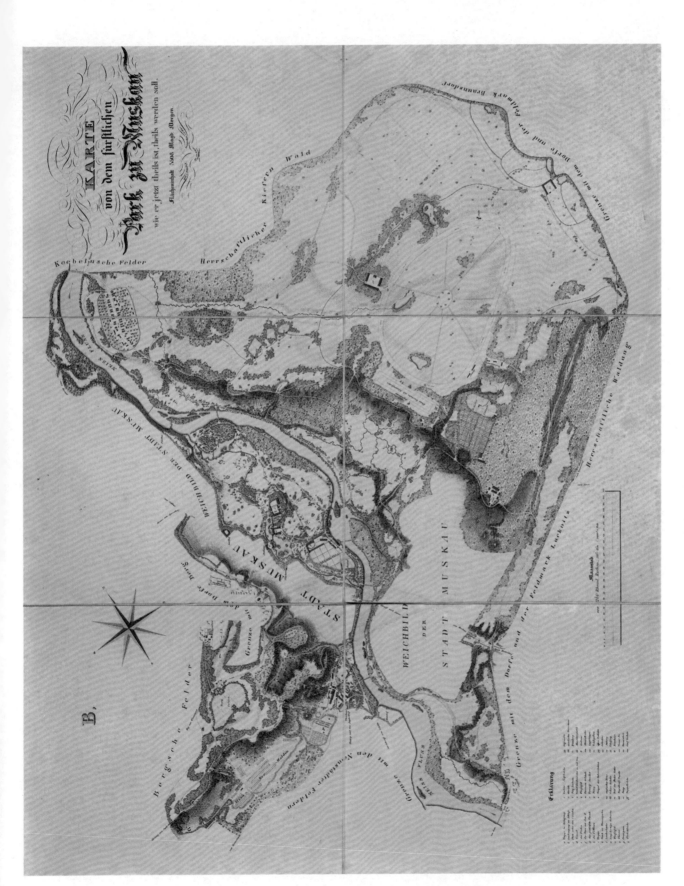

平面图B　平克勒设计的穆斯考园总平面（图中部分为已建成，部分为待建）

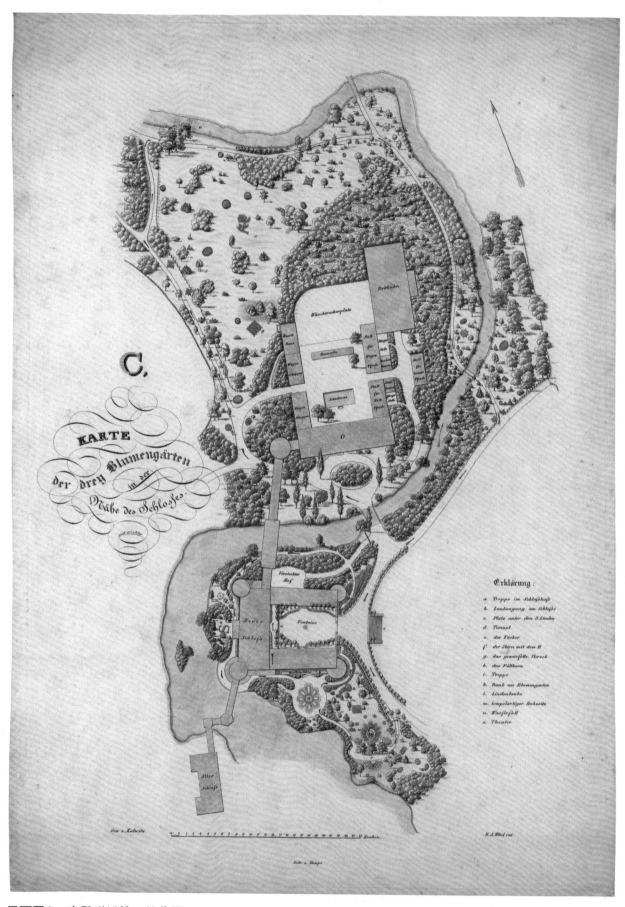

平面图C　宫殿附近的三处花园

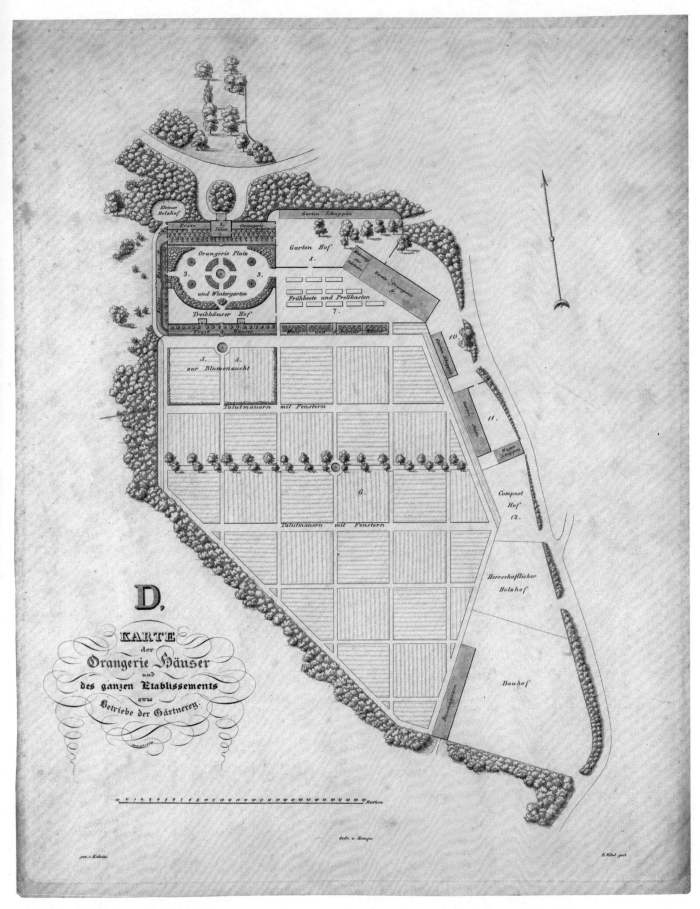

平面图D　柑橘温室及苗圃整体平面图

相关人员和组织简介

平克勒–穆斯考大公（1785~1871年）的持久声望与他作为一位园林设计师所取得的伟大成就紧密相关。他的《风景造园要旨》为我们呈现了一部理论与实践相结合的专著，以及美轮美奂的附属图集。通过这样的方式，他使自己的杰作——穆斯考园永垂史册，该园目前正在进行一项长期的修复工作。作为《要旨》一书的续篇，园林研究基金会正在准备平克勒的四卷本书信集《一位逝者的来信》的发行工作，其中记述了他于1828~1829年的英国、威尔士及爱尔兰之旅。

琳达·B·帕舍尔（LINDA B. PARSHALL）是波特兰州立大学的荣誉教授，她在18~19世纪造园史研究方面造诣颇深。她的论著包括发表于1993年造园史杂志上的《德国园林启蒙时期的希尔斯菲尔德造园思想》（*C. C. L. Hirschfeld's Concept of the Garden in the German Enlightenment*），翻译完成希尔施菲尔德的《造园艺术理论》（2001）（*Theory of Garden Art*），《希尔斯菲尔德〈造园艺术理论〉中的动机与情感》（*Motion and Emotion in Hirschfeld's Theory of Garden Art*）被收入《园林设计与动机体验》（2003）一书，《作为历史的园林：平克勒与穆斯考》（*Landscape as History：Pückler-Muskau*）被收入《德国历史的本质》（2004）（*Nature in German History*）；《希尔施菲尔德、平克勒与包伊》（*Hirschfeld，Pückler，Poe*）被收入《平克勒在美国》（2007）（*Pückler in America*）；《动词的表达》（*Verbal Representations*）被收入《园林文化史》（2013）（*A Cultural History of Gardens*）。她目前正在进行平克勒的《一位逝者的来信》的翻译工作。

约翰·哈格里夫斯（JOHN HARGRAVES）是一位翻译家、音乐家及作家。他在耶鲁大学及康涅狄格大学教授德语，同时是《布洛赫、曼宁和卡夫卡作品中的音乐》（2002）一书的作者。他所翻译的作品包括马丁·盖克（Martin Geck）的《乔安娜·塞巴斯蒂安·巴齐：生活与工作》（2006）（*Johann Sebastian Bach：Life and Work*）；赫尔曼·布洛赫（Hermann Broch，1886~1951年，奥地利作家）的作品集《精神与时代意志》（2002）（*Geist and Zeitgeist*）；德尔特·斯盖塞克（Dieter Schlesak）的《奥斯齐维特的药剂师》（2011）（*The Druggist of Auschwitz*）。他所翻译的米切尔·克鲁格（Michael Krüger）的《执行者：一出信件的喜剧》（2008）（*The Executor：A Comedy of Letters*）获得了海伦与科特沃尔夫翻译奖。他现居纽约。

伊丽莎白·巴罗·罗杰斯（ELIZABETH BARLOW ROGERS）是园林研究基金会的主席。在1980年她曾参与建立美国第一个公私合作的公园协会——中央公园保护协会（Central Park Conservancy）。作为一位园林史及场所文化意义方面的作家，她的著作包括《纽约市的森林与湿地》（1971）（*The Forests and Wetlands of New York City*）、《弗雷德里克·劳·奥姆斯特德的纽约》（1972）（*Frederick Law Olmsted's New York*）、《再造中央公园：一份管理及修复计划》（1987）（*Rebuilding Central Park：A Management and Restoration Plan*）、《园林设计：一部文化与建筑的历史》（2001）（*Landscape Design：A Cultural and Architectural History*）、《浪漫主义园林：自然，艺术与园林设计》（2010）（*Romantic Gardens：Nature，Art，and Landscape Design*）、《书写园林：一场跨越两个世纪的文学对话》（2011）（*Writing the Garden：A Literary Conversation Across Two Centuries*），以及《了解拉斯维加斯：新墨西哥州北部掠影》（2013）（*Writing the Garden：A Literary Conversation Across Two Centuries*）。

园林研究基金会（THE FOUNDATION FOR LANDSCAPE STUDIES）是一个旨在"促进对人类生活中的场所精神有效理解"的非营利性组织。它的主要活动包括出版《场所/线索》（Site/Line）杂志；赞助系列图书的出版；以奖学金的方式，每年为正在进行中的园林史及园林研究方面的英文图书项目的作者及出版商提供赞助；为该领域新近出版的杰出英文著作授奖。

中文版译后记

———————◆··◆◆◆··◆———————

当曾经留学德国的清华大学景观系郭湧博士第一次向我介绍这本由德语翻译成英文的19世纪德国造园著作时，我其实并没有听说过它，以及它的作者——平克勒大公。但我的博士论文研究选题——近代公园史，还是让我不由得关注起所有同时代的园林研究及实践作品。由衷感谢郭博士以及中国建筑工业出版社，让我有机会了解并翻译了这样一部尘封已久，但意义非凡的作品。关于近代自然风景式园林，已有的研究和讨论还主要集中在以英国为首的少数欧洲国家，以及后来的美国。而同属欧洲大陆，拥有独特自然地理特征和悠久文化传统的德国，其近代园林在国内则少有相关研究与提及。

这部关于19世纪德国园林的作品与其说是一部风景造园的实用指南，不如说是造园家平克勒对造园这项他毕生追求的事业以及他的心血杰作——现已成为世界遗产的穆斯考园的一首充满了无限热忱的赞美诗。整个翻译过程，就如同跟随着这位生活在18世纪末到19世纪初的普鲁士、游历过当时欧洲甚至世界上最美丽的自然风景式园林的"最后的贵族"，穿越回他终生魂牵梦绕的穆斯考园，听他对自己的设计理念与实践娓娓道来，体验园中那一个个精心设计的景点以及它们背后的各种趣事和深深意涵。

那是一个充满了变革的时代，工业革命席卷欧洲，带来了新的生活方式，甚至是思想和信仰，而园林作为一种传统艺术形式，也在这场变革中逐渐走向现代。对这本影响了德国及欧洲近现代园林，甚至也进一步影响了美国早期现代园林的著作进行翻译，从对英文书名《The Hints of Landscape Gardening》开始。一边和郭博士讨论，一边也进行了大量资料查阅，我们最终决定参考孙筱祥先生在2002年发表的论文《风景园林（LANDSCAPE ARCHITACTURE）从造园术、造园艺术、风景造园——到风景园林、地球表层规划》中对"Landscape Gardening"一词的中文翻译——"风景造园"。孙先生将18世纪中叶以后由英国造园家雷普顿（Humphrey Repton）及其后的肯特（William Kent）、布朗（L.Brown）等所引领的、以英国自然风景式园林为主要特征的造园时期称为"风景造园时期"。平克勒正是生活、创作于这一时期，并且不止一次在书中提及他对雷普顿的景仰，甚至"用自然作画"这一核心造园理念也与雷普顿提出的"只有把风景画家和园丁（花匠）两者的才能合二为一，才能获得园林艺术的圆满成就"的观点不谋而合，由此可见平克勒的造园思想和实践与"风景造园"这一重要的近代园林转型期，在内在理路上也是一脉相承的。此外，书名及正文中所提及的"Muskau Park"并不能直译为"穆斯考公园"，正如孙先生所指出的，18世纪甚至到19世纪初的那些被称为"park"的园林和风景地，与19世纪后半叶才出现的"urban park"、"public park"这样完全由人工建造的，为公众服务的公园其内涵与外延都不尽相同，英译本中也有平克勒对"Park"一词的注释："Park"一词的本意是指饲养着动物的花园，但本书中为了简便起见，用它来统称具有一定面积的园林化了的土地。由此我们将其翻译为"穆斯考园"。"Hints"一词翻译成"要旨"，则概括了本书的特点之一，它并不是一本百科全书式的大部头，而是充满妙语哲思的小品文。但正因如此，它才能在当时引起更多对造园艺术并不熟悉，但却向往了解的人们的关注，并给他们一个接触这门博大精深的艺术的机会，这也是该书能引发巨大共鸣，从而产生超越国界的广泛影响的重要原因之一吧。

整本书的翻译过程中，有三点是最让我感动和印象深刻的。首先是平克勒对于大自然以及造园艺术的深沉热爱。在书中，平克勒不断提及大自然各种形式的美，以及自然之美对人类性灵的启迪与滋养作用，他对自然的热爱尤其体现在对自己的故土——他的领地，也就是穆斯考园所在地——德国与捷克交界地带的上路塞蒂亚地区的热爱。他追索家族在这片土地上的发展历史，勘察每一块土壤的土质，对每一处起伏的山峦和奔流的河川都了然于心，尤其是他多次强调要珍惜每一棵老树，认为它们对于园林而言是无价之宝，任何情况下都应尽最大努力来保护它们。对自然的热爱，引导他走向对园林艺术的热爱，并将之灌注于穆斯考园的设计与营造当中。其次是他那犀利的批判精神，不仅是对他的那些还未受到"美的启发"的德国"邻居"们缺乏品味的庄园不乏冷峻与幽默的讥讽；哪怕是对他抱持景仰态度的英国园林设计大师及其著名作品，他也会站在理性的角度分析他们的不足之处（如文中对"万能的布朗"设计风格进行的批评）。他强烈反对不分情况地盲目模仿别国园林形式，强调要根据场地自然和文化特征，有选择性地吸收与借鉴，正是这样的深刻反思与考量，使得穆斯考园获得了平克勒所追寻的、属于自己的"灵魂"。第三，该书的语言风格也极其鲜明。虽然无法直接阅读与欣赏德文原著，但从英译者的解读和对当时德国文学作品的相关研究中，依然能感受到那种与当代文风差异显著的叙述特点。平克勒是博学的，有时甚至稍显"卖弄文墨"，各种引经据典，俏皮打趣时时与严肃的哲学命题和细致的实践描述相伴，使得整部作品呈现出一种与学术著作客观冷静不同的轻松趣味。英译者本身的德语功底和文学修养使其很好地用"更加接近现代英语"的词句和语法将平克勒的个人风格呈现出来。汉译本中，也尽量在专业、准确的基础上，努力尝试捕捉住这样一些灵光乍现的片段。

风景园林这门古老而又年轻的学科，始终致力于在人与自然之间、历史与现实之间、空间与时间之间架设起和谐共荣的桥梁。平克勒的理想与他为此付出的毕生精力，都浓缩在这本小小的著作之中。当生动的文字与精美的附图交相辉映，还原出一幅19世纪早期德国近代园林的迷人风景画卷，我们不得不再次心怀感恩，并带着这样的心情聆听平克勒的谆谆教诲，同时也思索如何在当今日益纷繁复杂的世界里，去创造出那样一片美好的净土。

在此也衷心感谢多年来悉心教导我的导师高翅教授和给予我鼓励支持的家人、好友，以及本书编辑孙书妍和相关工作人员所付出的耐心细致的工作。虽经多次修改校订，但所学有限，书中疏漏之处难免，恳请各位读者不吝指正。

夏欣
2017年夏，于武汉狮子山